自然
文丛

自然生灵的
诺亚方舟

中国自然保护区考察笔记

秦卫华 李中林 / 著

U0348800

人 民 邮 电 出 版 社
北 京

序 言
PREFACE

　　自然保护区是我国生态建设的核心载体，也是中华民族的宝贵财富，更是美丽中国的重要象征，在维护国家生态安全中居于首要地位，在保护生物多样性、保存自然遗产、改善生态环境质量等方面发挥着至关重要的作用。根据中共中央办公厅、国务院办公厅印发的《关于建立以国家公园为主体的自然保护地体系的指导意见》（以下简称《指导意见》），新的自然保护地体系将以国家公园为主体、自然保护区为基础，其他各类自然公园为补充。《指导意见》不仅充分肯定了我国自然保护区过去所发挥的历史作用，更明确了其在我国生物多样性保护中的基础地位。截至 2019 年底，我国自然保护区的数量达到 2750 处，约占陆地国土面积的近 15%，保护了全国超过90% 的陆地自然生态系统和 89% 的国家重点保护野生动植物种类以及大多数重要的自然遗迹，部分珍稀濒危物种野外种群得到逐步恢复。然而，十分可惜的是，自然保护区如此重要，目前国内介绍我国自然保护区的专著却很少，普通公众对自然保护区了解较少，这也制约了我国公众生态保护意识的进一步提高。

　　秦卫华博士与我相识多年，他和他的研究团队多年来一直从事自然保护区的管理研究工作。由于工作原因，他有机会实地考察那些位置偏远的自然保护区。难能可贵的是，他一直没有丢弃自己的植物分类学知识，每到一处自然保护区，总是尽可能用相机镜头记录保护区内珍稀而奇特的野生植物，并用游记短文的方式记录下来。于是我就提醒他，为何不将这些零散的自然保护区考察游记整理成册，公开出版呢？这就是本书的出版缘由。

　　自然保护区丰富的生物多样性和优美的自然景观长期以来都是"藏在深闺人未识"。近年来，随着交通的逐渐便利和人民生活水平的提高，越来越多的公众喜欢亲近大自然，欣赏美丽风景，拍摄野生动植物。自然保护区无疑是公众最向往的地方，它既满足了公众亲近大自然的需求，又是体验自然教育和科普教育的绝佳场所。因此，有一本展现我国不同类型自然保护区生物多样性又浅显易懂的图书显得尤为难得。本书信息丰富，物种鉴定准确，不但介绍了保护区内动植物的基础知识，还配有实地拍摄的动植物和景观照片，给公众直观呈现了自然保护区的丰富多彩；针对自然保护区面临的一些问题和挑战，本书也给出了一些建议和思考。

本书的两位作者既是自然保护区管理方面的科研工作者，也是具备植物学、生态学背景的科学传播者。他们凭借着对自然保护区的热爱，通过精美的图片将自然保护区的生物多样性呈现给大家。希望这本科普图书能激发各行业人士更加关注自然保护区，关注生物多样性，更加热爱大自然。

谢宗强

中国科学院植物研究所

2020 年 11 月 11 日

前　言
FOREWORD

两千多年前，伟大的思想家老子在《道德经》中写道："人法地，地法天，天法道，道法自然"，点明了自然是万物之根本，阐述了人与自然的关系。我们现在所说的自然，包含了所有的自然生态系统、自然遗迹及野生动植物。为了保护自然，国家专门划定了一些区域，命名为自然保护区。早在半个多世纪前的 1956 年，在钱崇澍、秉志等生态保护前辈的建议下，国务院就批准建立了以广东鼎湖山为代表的第一批自然保护区。经过 60 多年的发展，我国的自然保护区已经形成了一个总数量达 2700 多处、总面积达 140 多万平方公里、涵盖 31 个省级行政区域的自然保护区网络。全国生态环境最原始、生物多样性最丰富的区域，基本上都被纳入其中进行严格保护，大熊猫、藏羚羊、珙桐等珍稀濒危物种几乎都在自然保护区内。

16 年前，我刚从学校毕业进入生态环境部（原国家环境保护局）南京环境科学研究所工作，第一次接触自然保护区领域。从知道什么叫自然保护区开始，到深入各地的自然保护区进行野外考察，我不仅见识了自然保护区内丰富的生物多样性、壮丽的自然景观，认识了一大群扎根条件艰苦的深山老林、把青春年华奉献给自然保护区事业的保护工作者，同时也目睹了我国自然保护区客观存在的一些突出问题。随着走过的自然保护区越来越多，我也萌生了将自己在保护区内的所见所闻记录下来的想法。

于是，我和李中林选择了部分有代表性的自然保护区，将考察记录整理成文，形成了这本《自然生灵的诺亚方舟：中国自然保护区考察笔记》。本书试图用考察笔记兼游记的形式，从科学的角度向大家普及自然保护区以及区内的动植物知识。在章节设置上，本书分为"神圣雪山与高山精灵""辽阔草原与苍凉荒漠""优美山川与茂密丛林""滨海滩涂与地球之肾"4 章，精选了北京百花山、山西黑茶山、内蒙古达里诺尔湖、辽宁辽河口、吉林长白山、江苏宝华山、湖北石首麋鹿、广西雅长兰科植物、重庆金佛山、四川稻城亚丁、青海柴达木梭梭林和新疆布尔根河狸等 25 处自然保护区，涉及生态系统和野生生物两大类，森林、湿地、草原、荒漠、野生动物和野生植物6种自然保护区类型，跨越京、冀、晋、蒙、辽、吉、苏、鄂、桂、湘、渝、川、滇、陕、甘、青、新17个省（自治区、直辖市），介绍了六百余种动植物的信息。

在本书中，我们不仅对每个自然保护区的基本情况进行了介绍，同时也对保护区内分布的有代表性的野生动植物进行了详略不等的介绍，将游记、物种识别、科普知识有机地结合在一起。例如，在《蒙新河狸的伊甸园：布尔根河谷》这篇中，不仅介绍了新疆布尔根河狸保护区，同时还生动地描述了河狸这种可爱的濒危动物的基本特征，以及它那独一无二的修筑水坝的高超本领；在《消失的遗忘之鸥：鄂尔多斯遗鸥》和《遗忘之鸥的新家园：红碱淖》两篇中，一方面介绍了遗鸥这种独特的鸥类鸟儿以及它们面临的困境，同时也理性地探讨了未来的保护方向。希望读者在阅读本书时，通过认识、了解自然保护区，能够提高生态环境保护意识，同时开阔视野；认识保护区内这些种类繁多、形态各异的可爱物种，获得美的感受和启示，真正理解"认识自然、亲近自然、敬畏自然、保护自然"的生态保护真谛。

近年来，党中央和国务院高度重视自然保护区工作，提出了更高的要求。建设自然保护区是一项功在当代、利在千秋、荫及子孙的社会公益事业，也是世界环境保护事业的重要组成部分，与我们每个人的生活都息息相关。自然保护区具有涵养水源、防风固沙、保持土壤、调蓄洪水、固碳增氧、调节气候、提供生态产品等重要的生态服务功能，建设自然保护区也是保护国家生物战略资源和生物多样性、应对气候变化、维护国土生态安全、建设生态文明和美丽中国的重要举措。当前，"绿水青山就是金山银山"的理念已经深入人心，呼吸到清新的空气、喝到洁净的淡水已成为实现"中国梦"的重要前提。希望通过本书对自然保护区的介绍，能够进一步推动公众生态保护意识的提高，为我国自然保护区事业的发展贡献一点小小的力量。

限于编者的水平，书中难免有错误和不妥之处，敬请广大读者批评指正。

作者

2020 年 11 月 11 日

目 录
CONTENTS

第一章

神圣雪山与
高山精灵

香格里拉之魂：
稻城亚丁

"香格里拉"地名之争

提起香格里拉，大家并不陌生，但很多人不清楚它的来历和含义。据考证，"香格里拉"一词最早出现在1933年英国作家詹姆斯·希尔顿撰写的《消失的地平线》一书中。书中描述了一个远在东方群山峻岭之中的永恒宁静之地，名字叫作"香格里拉"。该书问世后，在全世界引发了对"香格里拉"之名的热议，人们竞相猜测香格里拉在现实世界的原型究竟在哪儿。其实，早在20世纪初，一位名叫约瑟夫·洛克的探险家曾辗转于我国云南和四川等省的藏区达20多年，收集了大量的动植物标本，还拍摄了很多景观照片，忠实地记录了川滇两省高山峡谷地区壮美的自然景观、生物多样性和独特的文化，并在美国《国家地理》杂志上进行了连载，其中关于四川稻城亚丁神山的文字、图片和神奇的旅程，引起了广泛关注。希尔顿受此启发，创造了"香格里拉"一词。

"香格里拉"成为热词后，云南省迪庆藏族自治州首府率先更名，将县名从默默无闻的中甸县改为香格里拉县，并借助香格里拉的东风，一跃成为云南乃至全国最热门的旅游目的地之一。然而，根据众多学者对洛克当年拍摄图片的细致分析，位于四川省甘孜藏族自治州稻城县境内的亚丁自然保护区才是香格里拉的核心区域。这里紧邻云南香格里拉，拥有仙乃日、央迈勇、夏诺多吉3座藏传佛教神山和茂密的原始森林、高山草甸、湖泊，完美保存着地球上最为原生态的自然景观，被誉为"水蓝色星球上的最后一片净土"，是真正的"香格里拉之魂"。因为工作机缘，在2013年至2018年这6年间，我先后7次来到亚丁保护区进行考察，深刻地领略了香格里拉之美。

▲ 仙乃日神山

稻城亚丁国家级自然保护区

为了保护好这片珍贵的"净土"，1996年稻城县人民政府以"亚丁村"来为它命名，正式批准建立了亚丁县级自然保护区；1997年5月和12月，先后经甘孜藏族自治州人民政府和四川省人民政府批准，依次晋升为州级和省级自然保护区；2001年，经国务院批准，亚丁最终成为国家级自然保护区，并于2003年加入联合国教科文组织世界生物圈保护区。保护区总面积为145 750公顷（1公顷=10 000平方米），其中，核心区84 910公顷，缓冲区32 880公顷，实验区27 960公顷；主要保护对象为我国横断山脉独特的冰川及以原始森林、高原湿地、草甸为代表的自然生态系统，以小熊猫（*Ailurus fulgens*）、白马鸡（*Crossoptilon crossoptilon*）、冬虫夏草（*Cordyceps sinensis*）、玉龙蕨（*Sorolepidium glaciale*）等为代表的珍稀濒危动植物物种，以及神山文化遗产。

亚丁保护区位置极其偏远，位于川滇两省交界处，属于典型的高山峡谷地貌。我第一次来亚丁是在 2013 年 3 月，当时亚丁机场还未通航，从成都坐越野车出发，足足花了两天时间才到达香格里拉镇（原日瓦乡），途中需翻越折多山、雀儿山、高尔寺山等多座雪山垭口，路途崎岖危险。亚丁机场建成和通航后，囧途变坦途，从成都起飞只需 1 小时便可抵达香格里拉。亚丁机场是目前全球海拔最高的民用机场，飞碟造型的航站楼海拔高达 4 411 米。亚丁保护区地处四川藏区，当地居民都是藏族人，受宗教信仰影响，他们将念青贡嘎日松贡布雪山（亚丁三神山）看作心中的圣地，并形成了敬畏自然、保护自然、不伤害野生动物的独特文化与传统。千百年来，正是当地居民与自然的和睦相处、协调发展，才使亚丁自然保护区得以保持其原始状态。

亚丁自然保护区拥有世界级的壮美景观，既有茂密的原始森林，又有郁郁葱葱的高山草甸；既有圣洁的雪山，又有潺潺的溪流和明镜一样的湖泊；既有五颜六色的奇花异草，又有活泼灵动的野生动物。当初交通不便时，亚丁曾是驴友心目中的圣地；交通变得便利后，亚丁更成为四川省重要的生态旅游目的地之一，前来观光的游客数量与日俱增，2018 年游客

▲ 亚丁村

▲ 冲古寺

总数突破百万人次。亚丁自然保护区在开展生态旅游的过程中，借鉴国内外其他成熟景区的成功经验，大胆采用新技术新手段，取得了很好的效果。包括禁止私家车进入景区，游客须统一乘坐环保大巴进入保护区，以减少车辆尾气污染；创新采用可拆卸的新型材料组装搭建游客中心等服务设施（区别于传统的永久性建筑）；采用可透光的钢丝网格栈道，以取代传统木栈道，不仅有利于栈道下方植物的采光与生长，更让游客获得全新的体验；建造适应高寒环境的新型生态厕所，对粪便进行就地无害化降解与处理，解决了大量游客的如厕问题；积极吸纳当地居民参与生态旅游工作中，工作人员统一着装，积极宣传环保知识。

神圣的雪山冰川

亚丁自然保护区拥有数量众多的雪山，最著名的 3 座分别是仙乃日、夏诺多吉和央迈勇，在藏语中被统称为"念青贡嘎日松贡布"，意为"终年积雪不化的 3 座护法神山圣地"，佛名为"三怙主神山"。3 座雪山在保护区内呈"品"字形排列，

▲ 蓝月山谷秋色

▲ 亚丁保护区自然景观

是亚丁自然保护区最为核心的区域，也是游客最期待的终极景观。

从香格里拉镇乘坐大巴进入保护区后，抬头远望，首先看到的是仙乃日，藏语意为"观世音菩萨"，海拔6 032米，是亚丁3座神山中的最高峰。顶峰终年积雪，远观似观世音菩萨端坐于莲花台上，又像一只振翅高飞的雄鹰。在从冲古寺到洛绒牛场的途中，若天气晴朗，就会看到第二座神山夏诺多吉，藏语意为"金刚手菩萨"，是"三怙主"雪山的东峰，海拔5 958米。夏诺多吉的峰顶为三棱锥状，洛克当年曾把它描述为展开巨翅蓄势待飞的蝙蝠。当我们站在洛绒牛场观景台，第三座神山央迈勇就会映入眼帘。央迈勇意为"文殊菩萨"，是"三怙主"雪山的南峰，海拔5 958米，远望犹如文殊菩萨骑坐在一头大象上。洛克曾在日记中描述央迈勇是他见过的世界上最美的山峰。

▼ 仙乃日神山

美丽的高原海子

亚丁自然保护区除了壮观的雪山，还分布有大小不一、数量众多的高原湖泊，它们被当地藏民称为海子，其中比较知名的有珍珠海、五色海、牛奶海和智慧海等。珍珠海位于仙乃日神山脚下，藏名叫"卓玛拉措"，海拔约4 100米。从冲古寺出发有一条约2千米的林间小道，我们穿越茂密的原始森林，沿着小道一直向上直通卓玛拉措，到达坡顶时，视野突然开阔，神山脚下这片绿如翡翠的湖泊一下子展现在眼前。卓玛拉措湖面为近椭圆形，面积不大，湖水清澈，水色由于碳酸盐岩石的钙质成分溶于水而呈深绿色。湖水几乎直接与仙乃日神山的冰川相接，仿佛是神山的梳妆镜。湖边长满了由云杉、冷杉等组成的针叶林，森林、蓝天、白云和雪山倒映在湖面上，美轮美奂。

相比卓玛拉措，五色海、牛奶海和智慧海的位置要偏远得多，几乎都需要徒步数千米才能到达，想亲眼看见这几个湖泊十分不易。我们从洛绒牛场徒步出发，先经过一段木栈道，接着是崎岖不平的马道和碎石路——海拔均在4 000米以上，这对体力和意志力都是一次极大的考验。但当你最终站在五色海和牛奶海旁边时，你会发现这些辛苦都是值得的。

▲ 五色海

五色海位于仙乃日与央迈勇之间，海拔约4 600米，湖面呈长椭圆形，三面环山。因湖水在阳光的照射下呈现5种不同的颜色而得名，景色蔚为壮观。站在五色海旁边，能清楚地看到近岸处和远离岸边处水的颜色不同：中心区域颜色较深，岸边颜色较浅，中间则是过渡色；虽然不能确定是否是5种颜色，但颜色层次感十足。牛奶海离五色海很近，位于央迈勇山脚下的山坳里，湖面的形状像一只扇贝，属于古冰川湖，海拔约4 600米。它的四周被雪山环绕，湖水清莹碧蓝；由于冬季湖面常常结冰，湖畔被一圈乳白色冰雪环绕，故得名牛奶海。智慧海的位置最为偏远，需要翻过松多垭口才能到

▲ 牛奶海全景

达，是一个由冰川融水形成的天然湖泊，拥有碧蓝色的水面。

壮观的高山花海

亚丁自然保护区内的野生植物资源十分丰富，海拔不同，植物分布也有所不同。特别是春夏交接季节，保护区几乎成了花的海洋，花朵大小、颜色各异，令人目不暇接。数量最多的是杜鹃花类，种类不同，花色也各异，有红色、粉红色、白色等；植株形态有矮小的垫状灌木、小灌木、高大乔木等，姿态万千。常见的有川滇杜鹃（*Rhododendron traillianum*）、大叶金顶杜鹃（*R. faberi* subsp. *prattii*）、多色杜鹃（*R. rupicola*）和大白杜鹃（*R. decorum*）等。

草本植物中，最亮丽、最吸引眼球的，要属各种报春花了。亚丁自然保护区内报春花种类繁多，数量最多的是钟花报春（*Primula sikkimensis*），又叫锡金报春，在保护区内分布范围很广，花葶粗壮，花冠呈金黄色，因花朵的形状像下垂的大钟而得名。偏花报春（*P. secundiflora*）通常和钟花报春伴生在一起，花冠呈红紫色至深玫瑰红色。山丽报春（*P. bella*）则是

▲ 大叶金顶杜鹃

▲ 山丽报春

一种多年生小草本植物，叶片特别微小，相对于小小的植株，蓝紫色的花朵显得特别大。其他常见的还有厚叶苞芽报春（*P. gemmifera* var. *amoena*）、短叶紫晶报春（*P. amethystina* subsp. *brevifolia*）和紫花雪山报春（*P. chionantha*）等。

在亚丁高海拔区域，有很多为适应特殊环境而特化的植物，它们通常有独特的外形，观赏价值也很高。如岩梅科的红花岩梅（*Diapensia purpurea*），一看名字就知道，生活环境肯定和岩石有关，它通常贴在石壁上生长，粉红色的花朵外形似梅花，盛开时仿佛直接从岩石上开出来一样。虎耳草科的岩白菜（*Bergenia purpurascens*）也常生长于碎石隙中，没有开花的时候，肥厚的叶片简直和白菜一模一样，因此得名岩白菜。在高山草甸上，还能见到一种名叫肉果草（*Lancea*

▲ 短叶紫晶报春

▲ 偏花报春

▲ 红花岩梅

▲ 岩白菜

tibetica）的矮小草本植物，属通泉草科，肉质的叶片排列成莲座状，蓝紫色的花朵紧贴在地面上，喉部还带有黄色或紫色斑点。

如果来得时机恰当，还能在林中看到两种颜值很高的天南星科植物：一种是白苞南星（*Arisaema candidissimum*），顾名思义，长着洁白色的佛焰苞片，花朵硕大，堪比花店里的马蹄莲；另一种是长着黄色佛焰苞片的黄苞南星（*A. flavum*），都是难得一见的美丽精灵。在林缘区域，有一种名字非常拗口的美丽植物——丽江铃子香（*Chelonopsis lichiangensis*），它的植株高大，紫色的花朵就像一颗颗小铃铛一样。还有常见的黄花木（*Piptanthus concolor*），属于豆科小灌木，叶为掌状三出复叶，花朵呈鲜黄色，盛开在阴暗的林间，十分醒目。

▲ 白苞南星

▲ 黄苞南星

▲ 黄花木

▲ 丽江铃子香

自然灵动的雪山精灵

亚丁自然保护区不仅是高原植物的天堂，也是高原动物的乐土。在保护区的几次调研中，我们几乎每次都能遇到野生动物，可以说是国内野生动物遇见率最高的自然保护区之一了。大多数野生动物都很怕人，特别是大型兽类，会躲避人类。我们在保护区见得最多的大型兽类就是岩羊（*Pseudois nayaur*），这是一种介于野山羊与野绵羊之间的偶蹄目动物，也是我国二级重点保护动物。看名字就知道它是一个攀岩高手，能灵活地在悬崖峭壁间跳跃行走。每年冬季，大批岩羊会下山到洛绒牛场区域觅食，舔食人们在保护区中给它们准备的食盐来补充盐分。在考察中，我们几次与岩羊近距离接触，看来区内野生岩羊已习惯与人类近距离共处。同样对人类活动熟悉的小动物还包括赤腹松鼠（*Callosciurus erythraeus*）和白马鸡（*Crossoptilon crossoptilon*），其中赤腹松鼠经常在栈道附近活动，甚至会跳到游客身上觅食。白马鸡是雉科的国家二级保护动物，体形大，通体白色，只有头部和尾羽为黑色，常常成群地在冲古寺到圣水门的木栈道附近活动，以灌木和草本植物的嫩叶、幼芽、根、花蕾、果实和种子为食。在实地考察中，我们还拍到了一只神秘的毛冠鹿（*Elaphodus cephalophus*），它生性胆怯，善于隐蔽，难得一见。

▲ 岩羊

▲ 赤腹松鼠

其他常见的动物包括拥有飞翔能力的鸟类，我们在高山草甸区域经常能看到成群的岩鸽（*Columba rupestris*），它们的外形和饲养的家鸽很像。经常出没于林地灌丛间的橙翅噪鹛（*Trochalopteron elliotii*）属于雀形目，因翅膀上长有橙色羽毛而得名。大噪鹛（*Garrulax maximus*）的数量也很多，个头比橙翅噪鹛大一些，羽毛上带有明显的白色斑点。在溪流边，能看到一种名叫河乌（*Cinclus cinclus*）的小鸟，外形很不起眼，浑身长着黑褐色的羽毛，其实它是一个游走于水陆之间的高手，不仅能在水面上漂浮游泳，更能灵巧地钻入水下觅食，堪称鸟类中的"浪里白条"。

▲ 河乌

▲ 橙翅噪鹛

展望

亚丁自然保护区拥有得天独厚的先天条件，未来的发展潜力巨大。亚丁的管理者充分认识到生态环境保护和可持续发展的重要性，正在按照新时代、新时期国家级自然保护区规范化建设的新要求，结合国家和四川省大香格里拉旅游开发部署，按程序、按计划在实验区范围内开展适度的旅游活动。然而，旅游开发与生态保护是对立统一的，解决开发与保护的矛盾具有极大的挑战性，期待在甘孜藏族自治州和稻城县政府和有关部门、公众团体的关心支持和共同努力下，亚丁保护区能继续保持这种人与自然和谐共赢的状态。

东北亚的神山：
长白山

　　长白山，矗立于我国东北边陲，是中朝两国的界山。长白山山高林密，气势雄浑，在《山海经》中被描述为"不咸山"，意为神仙山。它不仅是中华十大名山之一，也是东北亚的著名神山。长白山的红松阔叶混交林是我国为数不多保存完整的原始红松林，曾被《中国国家地理》评选为"中国十大最美森林"。由于长白山独特的生态环境和丰富的生物多样性，国家早在 1960 年就把它划为自然保护区，成为我国最早建立、最具保护价值的重点保护区之一。2008 年至 2018 年的 11 年间，我有幸 3 次到访长白山，5 次登临天池口，对保护区进行了深入细致的实地考察。长白山壮观的自然景观、茂密的森林、形态各异的山花和甜美可口的野果，无不让人流连忘返，回味无穷。

中国最大的火山口湖——天池

　　长白山国家级自然保护区地跨吉林省安图、抚松和长白 3 个县，东南与朝鲜毗邻。保护区始建于 1960 年，1979 年加入世界生物圈保护区，总面积 196 465 公顷，主要保护对象为火山地貌景观和温带森林生态系统。清朝建立初期，长白山被满族人视为自己民族的发祥地和文化圣山，为了保护这片满族的龙兴之地和战略要地，顺治皇帝下令用柳条编织的篱笆墙对包括长白山在内的大半个东北区域进行彻底封禁，严禁汉人进入，直到咸丰帝时才被迫解禁。在长达 200 多年的封禁期间，长白山和其他东北地区在当时人们心中成为遥不可及的偏僻之地，白山黑水也成了偏僻远方的代名词。

　　长白山最吸引人的是其壮观的自然景观，其景观的多样性，放眼世界也难有敌手。作为全国著名的旅游胜地，长白山不仅拥有大面积的温带森林林海、原始的岳桦林、北极风格的苔原、幽静的沼泽湿地、咆哮的长白山瀑布、湍急的溪流、深邃的峡谷、奇妙的冰雪风光，还有无与伦比的天池。行驶在环长白山公路上，透过层层叠叠的林海，能远望到巨大而典型的长白山火山锥。作为一个休眠火山，长白山的火山地貌主

▲ 长白山天池

要包括玄武岩台地、玄武岩高原和火山锥体三大部分。

　　神奇的长白山天池正好位于长白山主峰火山锥的顶部，这个世界上海拔最高、保存最完好的火山口湖是300多年前火山最后一次喷发后形成的椭圆形高山湖泊，水面面积近10平方千米，是中国最大的火山口湖，最深处达300多米。站在峰顶上，眼前的天池就如同一块深蓝色的宝石镶嵌在火山口，光洁的湖面就像被打磨雕琢过的镜面，纯净而无瑕，看着眼前的景象，仿佛心灵都得到了净化。值得一提的是，由于天池口的海拔在2 000米以上，常年处于云雾笼罩之中，一年中有大半的时间，天池都害羞地躲藏在浓雾中，秘不示人，游客能一览无余天池的全貌被视为要交好运。

　　纯净的天池水从长白山北坡缺口奔流跌落，巨大的落差形成了壮观的长白山大瀑布。伴随着轰鸣声，瀑布之水如同一条白龙从天而降，甚为壮观，用"疑是银河落九天"形容一点都不为过。瀑布下就是二道白河，这条发源于天池的小河也是松花江的正源。在距离瀑布不远的河滩上，还分布了大大小小的天然温泉群，它们在冬季的冰天雪地中热气蒸腾，烟雾袅袅，别有一番景致。

东北亚少有的物种基因库

长白山自然保护区森林生态系统十分完整，与同纬度带上的地区相比，它的生物资源尤其丰富，是欧亚大陆北半部最具有代表性的自然综合体，是世界少有的"物种基因库"。联合国教科文组织普尔教授曾评价长白山说："像长白山这样保存完好的森林生态系统，在世界上是少有的。它不仅是中

▲ 天然温泉群

▲ 独特的岳桦林

▲ 长白山瀑布

▲ 长白山大峡谷

国人民的宝贵财富，也是世界人民的宝贵财富。"几次的实地考察，长白山丰富而独特的野生植物资源让我大开眼界。

在长白山自然保护区，你能看到很多难得一见的国家重点保护植物。比如长白松（*Pinus sylvestris* var. *sylvestriformis*），这种以长白山命名的松属植物只分布于长白山地区，它的树干高大挺拔，造型美观，被称为"美人松"；东北红豆杉（*Taxus cuspidata*）是主要分布于东北地区的红豆杉属植物，野生种群数量极其稀少，和长白松均属国家一级重点保护植物。保护区内国家二级重点保护植物常见的有黄檗（*Phellodendron amurense*）、紫椴（*Tilia amurensis*）和红松（*Pinus koraiensis*）等。其中红松在保护区内数量较多，其树干是良好的木材，其种子就是我们常吃的坚果松子，只不过市面上售卖的松子

▲ 长白松

▲ 东北红豆杉

▲ 吉林延龄草

▲ 紫椴

多数都是取自人工栽培的红松。在林中，运气好的话还能看见吉林延龄草（*Trillium camschatcense*），它长着3片硕大的叶片，顶生一朵花，会结出一颗圆形的红果，俗语说的"头顶一颗珠"指的就是延龄草属植物。据说，这个属的植物有神奇的药效，可以延年益寿，因此得名延龄草。然而这个名字也给它带来"挖身之祸"，由于人们的过度采挖，野生延龄草越来越少，已经成为珍稀植物。

　　神奇的是，在长白山还能看到北极区系的奇特植物。我国著名植物学家吴征镒院士在《中国植被》一书中提到"1959年首次在长白山顶记录到高山冻原的分布"，书中提到的"高山冻原"就是长白山山顶海拔2 100米以上的火山锥部分，那里气候严酷，土层瘠薄，是由北极区系植物组成的高山苔原带，从植物地理分布上甚至可以看作是一块北极的"飞地"。在这片原始的苔原上，最具代表性的苔原植物当数东亚仙女木（*Dryas octopetala* var. *asiatica*），又被叫作宽叶仙女木，由于分布区狭窄而难得一见。作为一种低矮的常绿小灌木，它匍匐在地面生长，叶片呈宽椭圆形，边缘像波浪一样起伏，奇特的果实上长有细长的白色羽毛状绢毛，外形有点像蒲公英。仙女木是寒冷气候的标志植物，"新仙女木事件"已经成为地质历史上一个专有名词，指地球冰消期持续升温过程中的一次突然降温的典型全球性事件，对于研究古气候、古环境的周期性变化及预测现在的气候变化具有重要意义。严酷的生态环境导致长白山苔原带成为乔木和灌木的禁区，能够幸存的苔原植物基本具有生长期短、开花集中、适应强风和高山日照的特点。因此，苔原带也成为长白山特有植物的乐园，在这里能看到很多以长白山命名的植物，如长白山罂粟（*Papaver radicatum* var. *pseudoradicatum*）、长白虎耳草（*Saxifraga laciniata*）、长白棘豆（*Oxytropis anertii*）等。当短暂的夏季来临时，苔原立刻成为一片花的海洋，五颜六色的花朵竞相开放。其中，白色的高山龙胆（*Gentiana algida*）和紫色的长白山龙胆（*G. jamesii*）最为常见。

　　夏季，在天池口位置稍低的区域能看到大片的大白花地榆（*Sanguisorba stipulata*）群落，这种蔷薇科植物花序直立，仿佛草地上竖起的一根根白色的鸡毛掸子，盛开时白茫茫的一片，十分壮观。其间，分布有少量的高岭风毛菊（*Saussurea tomentosa*）和单花橐吾（*Ligularia jamesii*）等，单花橐吾又名单头橐吾或长白山橐吾，它有着奇特的三角状戟形叶片，与一般橐吾属植物复杂的花序不同，单花橐吾一根花梗顶端只有一个头状花序，看起来好像只有一朵花，也因此而得名。

　　在茂密的岳桦林中，生有很多长有独特盔状花冠的乌头属植物，其中长白乌头（*Aconitum tschangbaischanense*）仅分布于长白山地区，它的花色艳丽，叶片呈五角形

▲ 长白山罂粟

▲ 东亚仙女木

▲ 高山龙胆

▲ 长白山龙胆

且深裂，因形状类似蒿属的植物而又被称为蒿叶乌头。两色乌头（*A. alboviolaceum*）叶片巨大而花朵相对较小，因同一个植株上同时长有白色和紫色两种花朵而得名。林中还有很多刺五加（*Eleutherococcus senticosus*），这种资源植物在东北赫赫有名，由 5 片小叶组成掌状复叶。它幼嫩的枝叶不仅是美味的山野菜，根皮还可以入药泡制五加皮酒——具有祛风湿、强筋骨的功效。路旁随处可见的聚花风铃草（*Campanula glomerata* subsp. *speciosa*）属于风铃草属，主要分布于我国北方地区，由于花朵聚生在顶端形成一个头状花序而得名。荷包藤（*Adlumia asiatica*）属罂粟科，乍一看很像人工栽培的荷包牡丹，实际上是一种野生的草质藤本植物，一串串粉色的花朵如同一个个悬挂着的小荷包，不仅具有很高的观赏价值，还极具开发潜力。在长白山，还有一种奇特的瘤枝卫矛

（*Euonymus verrucosus*），这种卫矛科植物分布于东北地区和西北地区，它的枝条上密生着小黑瘤，特征非常明显，看过一次后就再也忘不了。林中偶尔还能见到花鼠（*Tamias sibiricus*），别名花栗鼠，是长白山最为常见的小动物。

▲ 大白花地榆

▲ 单花橐吾

▲ 聚花风铃草

▲ 刺五加

▲ 两色乌头

▲ 花鼠

天然的野生果园

长白山不仅是一座界山、圣山、神山,还是一座天然的野生果园。夏末秋初的 8 月,是长白山野生果实集中成熟的时候。行走在山林间,随处可见各色野果。从熟悉的松子、蓝莓,到美味的野生猕猴桃,再到不为人知的茶藨子(*Ribes pachysandroides*)、扭柄花(*Streptopus obtusatus*),鲜红色、亮蓝色、墨黑色、翠绿色,如珍珠,似玛瑙,点缀在林中,不仅是一道独特的美丽风景,更是可爱的小动物们营养丰富的食粮。其中最有名的当属"野生蓝莓",和种植蓝莓相比,它的个头小一些,名为笃斯越橘(*Vaccinium uliginosum*),属于杜鹃花科越橘属的小灌木,高约 1 米;圆球形的果实含有大量花色苷而呈现鲜艳的蓝色,因外形酷似蓝莓,因此俗称"野生蓝莓"。它的果实中富含多种维生素,带有浓郁的酸味,既可以鲜食,也可以用来制作果酱、果汁或酿酒。在长白山,笃斯越橘的资源总量很大,是当地居民主要采集的野果之一。在笃斯越橘成熟的季节,人们在二道白河镇上几乎所有的水果店都能买到鲜果。鲜果采摘季结束后,人们也能在各个土特产店买到野生蓝莓果干,笃斯越橘也因此成为最具长白山特色的野果。

除笃斯越橘外,在长白山还能看到越橘(*V. vitis-idaea*),它是笃斯越橘的亲戚,是一种更加矮小的小灌木,几乎是匍匐在地面上和苔藓混生在一起。越橘浆果成熟后呈球形,就像一颗颗鲜红色的红豆,因此也被称为"北国红豆"或"红豆越橘",味道酸甜可口、营养丰富,是难得一见的珍贵水果。另外,现在被炒得火热的超级水果蔓越莓(*V. oxycoccos*),其实也是越橘属的,只不过人家是来自北美洲。

当前,出于对健康的重视,人们对黑色或蓝色等深色系水果越来越痴迷,致使一些蓝色的野果身价飙升。长白山野生的蓝靛果(*Lonicera caerulea*),又叫蓝靛果忍冬,隶属忍冬科忍冬属,是一种极具地方特色的高品质野果。该植物本身其貌不扬,但其成熟的果实呈靛蓝色,还被一层白粉包裹,椭圆形的果实就像一颗颗蓝色的玛瑙石,富含多种氨基酸和维生素,味道清新爽口,食用价值很高,也可入药,具有清热解毒的功效。在秋季的林中还能看到一串串如同红玛瑙的五味子(*Schisandra chinensis*),因果实具有酸、甜、苦、辣、咸 5 种味道而得名,是最具长白山特色的野果之一,常用来泡酒或榨汁制作保健饮料。

除鲜果外,长白山也是干果的重要产区。其中最著名的干果当属松子和榛子。松子是红松松塔中的种子,红松的松塔硕大,包含众多的小颗粒松子,经济价值很高;

榛子是桦木科毛榛（*Corylus mandshurica*）的果实，外形有点
像南方的板栗，呈圆锥形，个头比板栗小，种子被坚硬的管
状的果苞所包裹，因营养丰富被称为"坚果之王"。

▲ 笃斯越橘

▲ 越橘

▲ 蓝靛果

▲ 五味子

▲ 毛榛果实

▲ 狗枣猕猴桃

在秋季的长白山中，还有很多滋味独特的野生果实藏在深山无人知，其实它们中很多都是极具开发利用潜力的野果资源。例如，来自新西兰的奇异果，就是用我国的野生猕猴桃培育出来的品种。长白山有很多种野生猕猴桃，味道最好的当属狗枣猕猴桃（*Actinidia kolomikta*）和软枣猕猴桃（*A. arguta*），这两种野生猕猴桃，虽然名字都很朴实，果实味道却十分甜美。狗枣猕猴桃的叶片呈薄纸质，植株上有部分叶片特化为白色，外形十分容易辨认；长圆柱状的果实光滑无毛，成熟后变软，带有浓郁的果香味。软枣猕猴桃的果实一般呈圆球形，光滑无毛，成熟后如同绵软的大枣，香甜可口。林中还有一类名为茶藨子的冷门野果，成熟的果实晶莹剔透，如同红宝石一般诱人，味道酸酸甜甜，只因长于深山之中，加上名字冷僻，知道的人并不多，常见的有东北茶藨子（*Ribes mandshuricum*）和长白茶藨子（*R. komarovii*）。

▲ 东北茶藨子　　　　　　　　　　　▲ 长白茶藨子

　　长白山自然保护区内还有很多蔷薇科野果，它们不仅好看，成熟后还可以食用。毛山楂（*Crataegus maximowiczii*）是山楂属的小乔木，果实个头比平常吃的山楂要小很多，果肉的口感又粉又面，味道很好。花楸（*Sorbus pohuashanensis*）的果实数量多、密集，生于枝条顶端，不仅具有观赏价值，还可以食用。蔷薇属的长白蔷薇（*Rosa koreana*）和山刺玫（*R. davurica*），前者果实呈长椭圆形，后者的果实呈圆球形，成熟后颜色都是鲜红色，十分醒目，极具观赏价值。

　　长白山虽然野果种类繁多，但真正具有食用价值的种类并不多，大多数野果虽然颜色艳丽，具有强烈的诱惑力，但却含有苦涩的单宁或辣嘴的生物碱，有的甚至含有毒素，只能观赏而不能轻易入口。一些野果姿态优雅，造型美观，像林中仙子，具有极高的观赏价值。如丝梗扭柄花（*Streptopus koreanus*）的成熟果实，就像一颗颗红樱桃悬挂在细如发丝的弯曲果柄上，它的名字和形态非常契合。七筋姑（*Clintonia udensis*）为百合科植物，成熟的果实呈椭圆形，高高地挂在细长的果柄上，就像镶嵌在权杖顶端的蓝宝石，闪烁着诡异的蓝色光泽。同属百合科的鹿药（*Maianthemum japonicum*）和舞鹤草（*Maianthemum bifolium*），它们果实成熟过程中颜色由带有深色斑点的棕色变为红色，也很漂亮。

▲ 花楸

▲ 毛山楂

▲ 丝梗扭柄花

▲ 七筋姑

▲ 鹿药

▲ 舞鹤草

高强度的旅游开发与当地居民的资源利用

长白山是国家首批 5A 级旅游景区，其神奇古朴的自然风光、别具一格的美景佳境，体现了大自然的鬼斧神工，拥有"千年积雪万年松，直上人间第一峰"的称号。近年来，随着经济水平不断提高和长白山知名度的提升，长白山的游客数量日益增长，特别是 2008 年长白山机场建成并通航后，游客数量出现井喷式增长。据统计，2015 年的旅游人数就达到 216 万人次，随着未来高速铁路的建成通车，游客数量还将出现大幅度增长。为了满足旅游开发的需要，目前长白山自然保护区已在实验区内开发了北坡、西坡和南坡三大景区，修建了山门、游客中心、旅游大巴停车场、换乘站、旅游公路、步游道（栈道）、观景台、公厕等旅游基础设施。

蓬勃发展的旅游业给长白山自然保护区带来了巨大的生态环境压力。大量机动车往返于陡峭山路上，不仅存在安全隐患，而且车辆产生的噪声、排放的尾气，对沿途脆弱敏感的岳桦林和山顶的高山苔原带植被都会产生不良影响。遇上旅游高峰期，密集的游客涌入保护区，车辆以及游人的活动对区内的动植物都造成不同程度的惊扰。

保护区面临的另一个威胁是当地居民对自然资源的利用，周边群众入区采集野生蓝莓、松塔等野果，刺龙芽、蕨（*Pteridium aquilinum* var. *latiusculum*）、蘑菇等山野菜和刺五加、天麻（*Gastrodia elata*）等药材。这会影响植被的自然更替和减少野生动物的食物来源，甚至会导致部分植物绝迹，过去长白山是野生人参（*Panax ginseng*）的重要产区，现在野生人参在这里已近乎绝迹。

展望

长白山不仅是世界生物圈保护区，也是国家级自然遗产，被世界自然保护联盟（IUCN）评为具有国际意义的 A 级自然保护区，是全球 28 个环境监测点之一。作为欧亚大陆北半部最具代表性的典型自然综合体，长白山既是松花江、图们江、鸭绿江的发源地，也是珍稀濒危物种的重要栖息地，具有极其重要的保护意义。当前，全国高度重视自然保护区的建设和保护工作，相信在管委会、管理局及相关主管部门的领导与支持下，在社会公众的密切监督与努力下，长白山自然保护区一定能实现人与自然的和谐共处，维护好区域的生态安全。

星罗棋布的海子群：
海子山

　　在四川省西部的甘孜藏族自治州理塘县和稻城县之间，有一片平均海拔在 4 000 米以上，由古冰川地质活动形成的高原地质遗迹，那里保存了数以千计大大小小的高原湖泊。透过飞机舷窗望下去，海子星罗棋布，仿佛"大珠小珠落玉盘"。这里被称为海子山，海子是我国西部地区藏族同胞们对高原内陆湖泊的俗称，因为远离真正的海洋，所以大海对于他们来说既神圣而又遥不可及，这些由神山雪水融化汇集而成的高原湖泊就被他们赋予了"海子"的独特称谓，既有大海的寓意又有所区别。国家为保护这片珍贵的海子群，于 1995 年建立

▼ 海子山

了海子山自然保护区，保护区于 1997 年经四川省人民政府批准晋升为省级自然保护区，2008 年经国务院批准升格为国家级自然保护区，总面积 459 161 公顷（理塘县部分为 334 608 公顷、稻城县部分为 124 553 公顷），其中核心区 266 233 公顷，缓冲区 76 962 公顷，实验区 115 966 公顷，主要保护对象为高寒湿地生态系统，林麝（*Moschus berezovskii*）、马麝（*M. chrysogaster*）等珍稀濒危野生动物及其栖息地。从 2012 年至今，我前后 3 次来到海子山进行实地考察，但每次都来去匆匆。

神奇的冰川遗迹

过去想要去一趟海子山可相当地不容易，即使从成都开车出发，也需要两天的时间。自从稻城亚丁机场建成并通航后，交通变得非常方便，我们乘坐早晨 6 点多的航班从成都起飞，50 分钟后就可降落在亚丁机场，这个全球海拔最高的民

▼ 海子山保护区自然地貌

用机场就坐落在海子山所在的高原面上，一出机场就进入保护区范围。在考察中，我们沿着穿越保护区实验区的公路（省道S217）一路前进，这条道路也是成都到稻城县的必经之路，行驶不久就看到一块界碑，上面写有"海子山古冰帽"的字样，并标注着海拔为4 410米。

进入保护区就能看到，沿沟谷地区堆积有冰川时期遗留下来的巨大石砾，以及大大小小、数量众多的海子群。据统计，区内共有1 145个高原湖泊，全部为第四纪末次冰川退缩后形成的冰碛湖，是我国高山湖泊最多、密度最大的湿地之一，也是青藏高原古冰川地貌发育最典型、保存最好、面积最大的区域。海子山自然保护区的生态系统功能非常完整，分布着大面积的高寒灌丛湿地，是金沙江和雅砻江的水源涵养地和水源补给地，具有十分重要的生态服务功能和科研价值。

可爱的高原生物

海子山自然保护区独特的高海拔环境和寒冷的气候条件，造成物候期很晚的特点。5月下旬，东部地区早已进入初夏季节，但此时的海子山上才刚刚进入早春，到处充满了萧条和荒凉，主色调还是一片枯黄，多数植物尚未发芽。但仔细观察路边的植被时，会发现还是有少数几种耐不住寂寞的高原植物已经悄悄地绽放出花朵了。这些不惧"严寒"的早起者，在激烈的生存竞争条件选择下，都变成了生存高手，在严酷的高寒环境中生活得如鱼得水。

走着走着，在一片似乎是生命禁区的碎石滩上我们发现了一丛丛梅红色的花朵，在光秃秃的石滩上显得特别醒目。走近一看，原来是紫葳科的藏波罗花（*Incarvillea younghusbandii*），为适应环境，这种高原植物没有地上茎，刚开花时叶片还没有长出来，只见几朵硕大而娇嫩的花朵从碎石堆里突兀地冒出来，就像几个正从地下世界探出头的小精灵。还有一种正盛开的小黄花伴随在藏波罗花身边，名叫矮生野决明（*Thermopsis smithiana*），是一种高原豆科植物，为了抵御凛冽的寒风，整个植株长满了白色的短茸毛，就像穿上了一件白毛衣。我们随后还看到了黄色的茄参（*Mandragora caulescens*），这是一种高原茄科植物，筒状的小黄花像是被揉在泥土中一样，刚开始误以为是藏玄参，后来费了很大的周折才查明真相。毛茛科的鸦跖花（*Oxygraphis glacialis*）乍一看像一朵朵袖珍型的向日葵，圆圆的小花盘贴在地上，橙黄色花瓣表面的白色光泽能有效阻挡强烈的紫外线。还看到了龙胆科的类亮叶龙胆（*Gentiana micantiformis*）和一种匍匐地面上的报春花。仔细观察，我们发现高原植物是极具智慧的，这几种正在开花的植物都具有一些共同的特征，比如叶片都非常小、整个植株都紧贴在地面上、相对于整个植株花朵的比例都超级大，这是它们赖以生存的法宝。叶片小有利于保温保水，紧贴地面可以防风，大比例的花朵则有利于吸引传粉昆虫。总之，要想在严酷的高原环境中生存，植物们必须改变自身的形态和生理特征，真的是活着不易啊！除了这些矮小草本植物，开花的灌木只发现一种灰背杜鹃（*Rhododendron hippophaeoides*），作为杜鹃花科家族中最适应高海拔的植物之一，灰背杜鹃也进化成这种花小、叶小、植株小的"三小"模样。

早春的海子山不仅多数植物尚未出芽，连野生动物都十分罕见。在考察途中，当我们沿着坑洼不平的土路向前走时，忽然看到了一只大小和家猫差不多的小兽，不时从路边洞穴里探出头，长得肥滚滚的，萌态可掬，长有很好的保护色，毛色和枯

▲ 藏波罗花

▲ 矮生野决明

▲ 茄参

▲ 鸦跖花

▼ 奔跑中的喜马拉雅旱獭

黄的草差不多，静止不动时很难被发现。估计是受到了汽车的震动的骚扰，小兽警惕地四处张望，跑出洞穴后，我们才发现是一只可爱的喜马拉雅旱獭（*Marmota himalayana*），别名叫土拨鼠，挖掘能力很强，生活在高原草甸地区，是草原草甸生态系统和食物链的重要组成部分，数量过多、泛滥成灾会造成草甸退化，而数量过少又会让以喜马拉雅旱獭为食的猛禽等肉食性动物们闹饥荒。另据报道，有些喜马拉雅旱獭因感染鼠疫杆菌成为携带者，容易成为疾病的传播媒介，这真是一种让人又爱又恨又怕的小动物啊。

珍贵的冬虫夏草

尽管海子山自然环境十分严酷，保护区内仍有当地藏族居民生活，其中稻城县邓波乡是一个人口约 2 000 人的藏族乡，全部位于海子山自然保护区内，村民主要依靠放牧（牦牛）和采挖虫草为生，地理位置偏僻，生存条件极其艰苦。在考察中，正值村民采挖虫草的高峰期，我们见到了正在寻找虫草的邓波乡居民，幸运地见识了采挖虫草的全过程。藏民们都是同样的姿势，跪在枯黄的草地上，用双手撑住身体，慢慢地挪动，仔细地在每一寸草地上寻找。徒步在海拔约 4 700 米的草地上，我们都觉得高原反应很严重，太阳穴一直有刺痛感，但藏民们能长时间保持这种姿势，忍受着强烈的紫外线照射，实在是太不容易了。随着近年来被炒作起来的"虫草热"，虫草资源总量正在逐年下降，现在一个人寻找一天也只能采到 10 根左右。蝙蝠蛾的幼虫在高原草地泥土里越冬时被虫草真菌寄生，真菌在虫体内生长，吸取虫子的养分，到了春季真菌钻破虫体长出像小蘑菇一样的子实体，这是虫草的形成过程。只有当虫草长出地面时，我们才能发现它。我靠近地面仔细寻找才发现了这根隐藏在枯草中的暗褐色的棒状子实体——只有一根小木棒大小的虫草，太隐蔽了，不仔细看根本发现不了。随后，藏民用专用的采挖工具把包含虫体的整块土都挖起来，再从泥土中分离出虫草，最后将碎土重新填回坑中以保护草皮，整个过程都小心翼翼。刚剥离出来的虫草，虫体部分被泥土包裹着，须经清洗并晒干，才是我们见到的冬虫夏草。

尽管虫草（冬虫夏草）已被列入《国家重点保护野生植物名录（第一批）》，但在海子山自然保护区及周边地区，采挖虫草是一部分牧民重要的生计来源，祖祖辈辈世代居住于此的居民，他们敬畏神山圣湖，也长期依赖大自然馈赠的各种自然资源生存。针对这种特殊情况，《自然保护区条例》第五条也明确规定"建设和管理自然保护区，应当妥善处理与当地经济建设和居民生产、生活的关系"，在一定程度上考虑了生态保护与当地居民发展的协调问题。

▲ 挖虫草的藏民

▲ 从土中探出头来的冬虫夏草

未来展望

　　海子山自然保护区地处偏远的四川藏区，高海拔令人望而却步。由于建立国家级保护区时间较短，各项基础设施较为落后。伴随着亚丁机场的建成和通航，以及四川省大香格里拉国际精品旅游区的开发建设，保护区今后将面临旅游开发带来的压力，以及保护区内当地居民生产发展对自然资源利用的压力，如何协调并应对好这些压力，值得我们深入思考，也衷心希望海子山自然保护区能够把这些珍贵的海子永远保护好，留给子孙后代。

东方的阿尔卑斯山：
四姑娘山

　　四姑娘山位于四川省阿坝藏族羌族自治州小金县境内，距离成都市仅有 3 小时车程，交通便利，景色壮美，是驴友户外运动的"圣地"。四姑娘山还拥有很多耀眼的头衔，国家级自然保护区、国家级风景名胜区，以及世界自然遗产（大熊猫栖息地的重要组成部分）。从 2016 年 4 月开始，为开展四姑娘山国家级自然保护区总体规划修编工作，我曾多次来到保护区进行实地考察、收集资料，区内绝美的雪山景观、茂密的原始森林、种类繁多的珍稀濒危动植物，以及独具特色的嘉绒藏族文化都给我留下了深刻的印象。

四姑娘山保护区简况

　　四姑娘山自然保护区始建于 1995 年，1996 年经国务院批准成为国家级自然保护区，总面积 56 000 公顷，其中核心区 18 500 公顷，缓冲区 15 600 公顷，实验区 21 900 公顷，主要保护高山森林、种类繁多的珍稀濒危野生动植物以及冰川等自然景观。保护区地处我国横断山区东缘，青藏高原向四川盆地的过渡地带，属典型的高山峡谷地貌。区内最有名的是从南到北一字排开的 4 座雪山，分别为大姑娘峰、二姑娘峰、三姑娘峰和幺妹峰，其中幺妹峰排行最小，身材却最为高挑，海拔高达 6 250 米，是四川第二高峰，仅次于"蜀山之王"贡嘎山，又被称为"蜀山之后"和"东方阿尔卑斯山"。山巅终年被积雪覆盖，晴天远眺，如同一位身材高挑的洁白女神矗立在苍茫的群山中。

　　保护区建区以来，在各方的关心与支持下，不断完善资源管护基础设施，不断健全管理机构，逐步充实管护人员力量，目前已初步形成了管理局、管理站、管护点的三级管护体系。其中自然保护区管理局与风景名胜区管理局"两块牌子，一套人马"，位于四姑娘山镇；管理站主要位于双桥沟、海子沟等村寨集中分布区域；管护点位于一些交通不便但需要重点保护的节点区域。在专业管护人员的努力下，保护区内的资源管护工作井然有序，也取得了显著的成绩。

▲ 四姑娘山

▲ 双桥沟管理站

▲ 海子沟内的管护点

蓬勃发展的生态旅游

很久以前就听说过四姑娘山的大名，但当我们来到四姑娘山，置身于她的怀抱后，保护区内的原始森林、湖泊、草甸、雪山等壮观的景观资源给我们留下了难以忘却的印象。这些珍贵的景观资源，不仅在四川省内，就是放眼全国来比较，也是不可多得的精品。随着近几年交通条件、基础设施的完善，每年前来保护区旅游观光的游客日益增加，四姑娘山自然保护区的生态旅游活动蓬勃发展。目前，在《自然保护区条例》的允许范围内，保护区管理局在实验区内开发了双桥沟、长坪沟和海子沟 3 条经典的参观线路，每条线路都采用唯一沟口进出的严格封闭式管理模式，游客只有通过设在沟口的游客中心购票才能进入，按照设定的步游道、木栈道、马道进行游览，在欣赏自然景观的同时接受环境教育。

四姑娘山自然保护区的生态旅游活动起步较早，并且很好地贯彻了生态保护理念，这种理念体现在很多旅游设施细节的设置上。例如，在森林中设置步游道，特别是穿越原始

► 长坪沟内的木质休息亭

▲ 长坪沟内当地居民建造的小木屋

方枝柏（*Juniperns saltuaria*）林时，线路走向经过了精心设计，成功避让了沿途的大树。为了保护沿途的大树，尤其是防止马道上游客骑乘的马匹啃咬沿途的树皮，保护区采取了设置防护绳索（在靠近马道的大树树干基部缠绕草绳）等措施；在休息亭的构造上，采用可降解的天然木质材料，顶部用树皮覆盖，外形虽多样但与自然景观保持和谐，甚至厕所也都采用朴素的木条结构，道路旁的垃圾箱也采用实木段掏空制成，十分别致。行走在四姑娘山自然保护区内，几乎所有的旅游设施都很好地融入了自然之中。三条沟的入口建筑和镇上的游客中心也都采用当地具有藏族特色的碉楼、民居风格；此外，保护区还充分利用区内的既有设施完善旅游服务功能，例如当地居民为放牧在沟谷深处搭建的一些小木屋，可以直接作为游客遮风挡雨和休息的场所，大大提高了这些设施的利用率，也减轻了对自然保护区的占地影响。

美丽的自然景观

　　四姑娘山自然保护区拥有无与伦比的景观，类型很丰富，最吸引人的要数震撼的雪山了。由于便捷的交通条件，四姑娘山自然保护区成为成都市民最近的雪山观赏目的地。站在接近四姑娘山镇的垭口，如果赶上无云的晴朗天气，可以看到四座雪山一字排开，从最高的幺妹峰到最矮的大峰，让人心生敬畏。保护区除了这4座海拔5 000米以上的高峰外，还有几十座漂亮的雪山，有些造型独特，如鹰嘴岩远看就像一只雄鹰，或是一只张开大嘴、昂首向天腾飞跳跃的巨鲸。我第一次来到四姑娘山自然保护区时，正值早春4月，区内很多植物尚未发芽，雪山景观随处可见。与雪山相伴的还有很多美丽的湖泊，例如双桥沟内的隆珠措和四姑娜措，都是雪山融水形成的平缓湖泊，搭配上湖中的枯木和远方的雪山，真是绝美的风景。

▼ 高原湖泊与雪山

▲ 隆珠措（双桥沟）　　　　　　　　　　　　　▲ 撵鱼坝湿地草甸（双桥沟）

保护区内的三条沟，属双桥沟的自然景观最全面，交通也最为方便，整条沟的游览区域都能通车，可以为游客节省很多宝贵的体力。进入沟口后，没多远就是人参果坪，名字的来历是这片草地上盛产人参果——鹅绒委陵菜（*Potentilla anserina*）的小块根，是一种经典的藏族传统食品。其实这片区域不仅盛产人参果，河流两侧还生长着大片的古沙棘（*Hippophae rhamnoides*）林，蔚为壮观。看完人参果坪后，就会来到撵鱼坝草甸，从名称就能猜想到，过去这里鱼一定很多，在春夏之交的撵鱼坝草甸上，各种颜色的野花竞相盛开，简直就是一片花的海洋。继续向双桥沟内深入，随海拔增高，就能看到明显的森林草甸交错带景观，森林慢慢让位于灌丛和草甸，再向上就是岩石裸露的流石滩和白雪覆盖的雪山了。保护区在长坪沟的游览线路上修建了木栈道，游客沿途可以欣赏到原始森林、雪山、高山草甸、溪流、瀑布等美丽景观，但不通车，游览此线路对体力是一种考验。游览海子沟对游客体力要求最高，海子沟海拔较高，只能徒步或骑马进入。沿山脊前进很远的距离，才能到达沟谷深处的花海子草甸，虽然辛苦，但沿途原始的高山栎林、高山草甸，以及行走于云层之上的感觉会让你觉得不虚此行。

四姑娘山自然保护区除了令人震撼的自然景观外，还拥有丰富的人文景观。保护区内的藏民属于嘉绒藏族，笃信佛教，区内保存了众多的宗教设施，如长坪沟沟口古老的斯古

▲ 古沙棘林（双桥沟）

▲ 花海子湿地草甸景观（海子沟）

▲ 废弃的古碉楼（双桥沟）

拉寺、双桥沟内高大的白色佛塔等。当地藏民把四姑娘山奉为神山，若赶上一年一次的朝山会，还能看到藏民们身着节日盛装，来到海子沟的天然祭坛（锅庄坪），举行隆重的活动祭祀四姑娘山山神，祈求风调雨顺。这些宗教设施、习俗和生活在保护区内恪守清规戒律的喇嘛，对于推动生态保护工作发挥了重要作用。保护区所在的小金县自古民风彪悍，古时曾修建了众多的防御碉楼，从清代乾隆皇帝征讨大小金川的古画中就能看到当年碉楼林立的场景。现在距离保护区不远的沃日乡就保存有一座完好的土司官寨和碉楼，保护区双桥沟靠近沟口的山坡上也矗立着一座废弃多年的古碉楼。由于岁月侵蚀，内部的隔层已经完全腐朽，抬头就能看到天空。有一株巨大的野樱桃树从碉楼破口处生长出来，应当是当年鸟儿将樱桃种子掉落在这里，经过上百年的生长，野樱桃树已成为古树。

高山上的植物宝库

四姑娘山是户外运动爱好者眼中的东方圣山、户外天堂，游客眼中的荒野地；在植物爱好者眼中，四姑娘山简直就是一座天然植物园，每年都有很多日本、韩国的观花团来保护区观花。在四姑娘山自然保护区考察期间，我曾分别深入长坪沟、双桥沟、海子沟，甚至爬上巴朗山垭口的流石滩区域，幸运地见识了种类繁多的野生植物，从低海拔到高海拔，琳琅满目，令人目不暇接。据不完全统计，我至少拍到了近500种色彩绚烂的高山野花。

▲ 全缘叶绿绒蒿

说起高山植物的代表，罂粟科绿绒蒿属植物当仁不让，是公认的颜值担当，这个类群的植物多数分布于海拔4 000米左右的高海拔地区，被称为最接近蓝天的花朵。我们在四姑娘山自然保护区内共拍摄到4种绿绒蒿，其中长着巨大黄色花朵的全缘叶绿绒蒿（*Meconopsis integrifolia*）数量最多，体形最为高大，分布也最为广泛。在巴朗山垭口，我们还见到了以巴朗山命名的巴朗山绿绒蒿（*M. balangensis*），深蓝色的花瓣如同垭口上那永恒的蓝天，高贵而典雅。第三种是分布同样广泛的长叶绿绒蒿（*M. lancifolia*），长着长条形的叶片，花瓣呈蓝紫色，有点像巴朗山绿绒蒿，但植株没有细刺。最珍贵的是红花绿绒蒿（*M. punicea*），分布范围狭窄，曾经让"植物猎人"威尔逊为之疯狂，也是唯一一种被列为国家二级保护植物的绿绒蒿。红花绿绒蒿花瓣呈红色，并具有明显的皱褶，下垂的花朵如同悬挂的红裙子。

▲ 巴朗山绿绒蒿

除了高贵的绿绒蒿外，我还拍到了20多种报春花，其中独花报春（*Omphalogramma vinciflorum*）绝对是一个另类，顾名思义，每个花葶上只生长一朵花，很容易与其他报春花相区别，高脚碟状的紫色独花让人过目不忘。在高海拔区域的岩石上，成片生长着石岩报春（*Primula dryadifolia*），植株矮小，紧贴在流石滩石壁上，呈密集的垫状。为了防风，该科植物引以为傲的细长花葶也特化得很短，仿佛直接在地面上开花一样。具有类似特征的还有狭萼报春（*P. stenocalyx*），长着迷你型的身材，相对于弱小的植株，花朵的比例很大。在沟谷的密林下，报春的种类也很多，常见的有叶片形状如同手掌一样的宽裂掌叶报春（*P. latisecta*）。鄂报春（*P. obconica*）分布广泛，适应能力强，花形和叶片美观，现在被广泛栽培观赏。等梗报春（*P. kialensis*）常生长在林下石灰岩上，植株很小，由于花梗和花葶近等长而得名。林下最美丽的要数靛蓝穗花报春（*P. watsonii*），长有超级细长的花葶，因顶端的花朵呈穗状，颜色为少见的靛蓝色而得名。我们在阴

▲ 长叶绿绒蒿

▲ 红花绿绒蒿

▲ 石岩报春

▲ 独花报春

暗林下还发现了莲叶点地梅（*Androsace henryi*），属于报春花科点地梅属，与寻常点地梅不同的是，叶片呈圆形，形似荷叶，开白色小花。在草甸区域，报春的种类更多，苞芽粉报春（*P. gemmifera*）和雅江报春（*P.munroi* subsp. *yargongensis*）的花朵都很大，都有细长的花葶，颜色鲜艳，显得清新脱俗。匙叶雪山报春（*P. limbata*）的叶片又长又多，花冠呈蓝紫色，因多分布在雪山附近而得名。

四姑娘山的兰花种类也非常多，在高山草甸区域，花形奇特的西藏杓兰（*Cypripedium tibeticum*）非常醒目，深紫色的花朵很大，并长有特化的囊状结构，引诱昆虫钻进去采蜜，从而实现传粉。我拍到的两种无柱兰属植物植株都很矮小，在开满鲜花的草丛中，如果不仔细观察都不容易发现，一种是一花无柱兰（*Ponerorchis monantha*），每一棵只盛开一朵小花，花色有粉色的、白色的，每一朵小花就像一个穿着裙子跳舞的小人。另外一种是黄花无柱兰（*P. simplex*），和一花无柱兰

▲ 莲叶点地梅

▲ 靛蓝穗花报春

的区别主要是花色，它的花朵呈鲜黄色。伴生的陈氏羊耳蒜（*Liparis cheniana*）不仅矮小，花朵如同扭曲的丝状，颜色也不突出，开始都没有看出来居然也是一种兰花。草地上，娇小的二叶盔花兰（*Galearis spathulata*）数量也挺多。除了上面这些花色鲜艳夺目的兰花外，四姑娘山还有一些外形低调、一不留神就会错过的兰花，凸孔阔蕊兰（*Peristylus coeloceras*），直立的花葶上长满密集小白花，但因花朵太小，藏在草丛中毫不起眼。角盘兰（*Herminium monorchis*）也相当低调，植株更为矮小，小花呈嫩黄绿色，比凸孔阔蕊兰更难以发现。大叶火烧兰（*Epipactis mairei*）也是保护区内分布较多的一种兰花，可惜我们没能一睹芳容，只拍到了即将盛开的花苞。

▲ 西藏杓兰

▲ 一花无柱兰

▲ 黄花无柱兰

▲ 陈氏羊耳蒜

四姑娘山保护区自然条件独特，在漫长的地质年代为很多古老的植物提供了避难所，目前保护区内分布的珍稀植物种类十分丰富，如独叶草（*Kingdonia uniflora*），一看名字就知道，这种古老的植物每个植株只生长一枚叶片，并且对生境条件要求十分苛刻，不仅要求土质松软，还要伴生厚厚的苔藓层。我们在保护区杨晗科长的带领下，费尽周折才在密林深处拍到她的倩影。独叶草对环境依赖性强，加上自我更新能力差，导致其成为濒危植物。星叶草（*Circaeaster agrestis*）也是一种古老的孑遗植物，由于叶片如同繁星而得名，通常生长于潮湿且腐殖质含量较高的林下，对生境要求很高，是个十分挑剔的家伙，一旦适宜生境被破坏，就难以生存。国家二级

◀ 独叶草

▲ 星叶草

▲ 四川红杉

▲ 毡毛雪兔子

▲ 槲叶雪兔子

▲ 大花红景天

保护植物四川红杉（*Larix mastersiana*）是一种松科的高大乔木，在保护区内分布数量较多，尤其是双桥沟深处的红杉林生长有大片的四川红杉纯林。另一种二级保护植物连香树（*Cercidiphyllum japonicum*）雌雄异株，结实较少，天然更新困难，主要分布在海拔较低的沟谷内，在自然状态下已处于濒危状态。

四姑娘山自然保护区除了终年积雪区外，海拔 4 500 米左右的流石滩就是最为严酷的区域了，主要由山体风化形成的碎石群组成。然而，这片区域并非生命禁区，当我们费尽周折爬上去后，发现有一群生性顽强的家伙不仅能在这里生存繁衍，并且还赖着不走了呢。我实地拍到了两种雪莲属植物：一种是毡毛雪兔子（*Saussurea velutina*），又名毡毛雪莲、红雪莲，盛开时紫红色浑圆的苞片包裹着内部的花序，形成一个紫色的圆球，被戏称为"雪山上的世界杯"；另一种是槲叶雪兔子（*S. quercifolia*），又称槲叶雪莲，紧贴在岩石上，为了保暖，浑身长满了白色的细小茸毛。原住民认为这些雪兔子有显著的药用价值，于是进行大量采挖，对资源破坏很大。大花红景天（*Rhodiola crenulata*）和长鞭红景天（*R. fastigiata*）这两种景天科植物，由于被认为可以制成抗高原反应的药物，也面临着被采挖的威胁。尤其是大花红景天，植株较大，叶片肥厚，花朵也很大，是挖药人的重点目标。

流石滩区域也不都是死气沉沉的碎石群，初夏季节的流石滩也可以变成高山花园。五叶双花委陵菜（*Potentilla biflora var. lahulensis*）隶属蔷薇科委陵菜属，与这个属低海拔的亲戚们不同的是，五叶双花委陵菜在流石滩上成片生长，植株密集，呈丛状，叶片小而具有茸毛，鲜黄色的花朵硕大而醒目。拟耧斗菜（*Paraquilegia microphylla*）是毛茛科中适应高海拔环境的另类，具有飘逸的美丽花朵。

▲ 五叶双花委陵菜

▲ 拟耧斗菜

流石滩区域还有一类颜值很高的植物，就是罂粟科紫堇属植物，虽然属名叫紫堇，但这个属的植物花朵颜色可是五颜六色，鲜艳无比。但在高海拔流石滩区域，因受到强烈紫外线照射，紫堇属植物的花朵通常以蓝紫色为主。例如暗绿紫堇（*Corydalis melanochlora*），花朵和叶片几乎贴着地面生长，花朵比例很大，颜色以蓝色为主。植株纤细的波密紫堇（*C. pseudoadoxa*），花朵很小，呈现亮蓝色，因模式标本采集于西藏波密而得名。大金紫堇（*C. dajingensis*）的花朵呈紫红色，为了适应流石滩的强风侵袭，植株和花朵也贴地生长。还有花朵呈紫黑色的灰岩紫堇（*C. calciola*），盛开时给枯燥的流石滩增添了几分靓丽的色彩。在海拔稍低的区域还能看到开黄色花并带有条纹的细柄黄堇（*C. tenuipes*）。

▲ 暗绿紫堇

▲ 波密紫堇

在高山植物中，马先蒿属植物绝对是主角。我们在四姑娘山自然保护区内也拍到了十几种正在开花的马先蒿，五颜六色、姿态各异，令人大开眼界。最强壮的两种马先蒿当属大王马先蒿（*Pedicularis rex*）和斗叶马先蒿（*P. cyathophylla*），植株外形近似，都长有粗壮直立的主茎，叶片形状也类似，但看到花朵后，区别就非常明显了。马先蒿属植物种类特别多，并且多数由外国人发现并命名，因此这个属的植物名称存在以发现者的姓氏命名的现象，这虽然对于纪念命名人有意义，但对于习惯以植物形态特征来记忆名称的我们来说就增添了大麻烦。很多马先蒿都具有独有的特征，让人很容易认出并记住它。如全叶马先蒿（*P. integrifolia*），在茎端通常两朵花相对而生，花冠顶部长有 S 形弯曲的长喙，从侧面看像极了俄罗斯国徽上的双头鹰。条纹马先蒿（*P. lineata*）的特征也很明显，叶片轮生，花朵生长在每一轮的叶腋处，花朵上有显著的条纹。凸额马先蒿（*P. cranolopha*）生长于高山草甸区域，花朵整体呈淡黄色，但中央呈现深黄色，极具层次感。狭盔马先蒿（*P.stenocorys*）则因为长有狭长的盔状结构而得名，花冠上长有深色斑点。此外，打箭马先蒿（*P. tatsienensis*）和具冠马先蒿（*P. cristatella*）在保护区内也很常见，其中具冠马先蒿的盔前端伸长成喙状，背部有鸡冠状的突起，而种加词 cristatella 就是小鸡冠状的意思。

▲ 斗叶马先蒿

▲ 全叶马先蒿

▲ 蒙氏马先蒿

▲ 凸额马先蒿

在初夏的四姑娘山上，还能见到很多颜色诱人的野果。披针叶胡颓子（*Elaeagnus lanceolata*）是小灌木，每年冬季开花，初夏果实成熟，熟透的果实大小如樱桃，由于表面带有银白色的细小鳞片，看起来具有宝石般的耀眼光泽，滋味也不错，酸酸甜甜的。云南勾儿茶（*Berchemia yunnanensis*）是鼠李科的多年生木质藤本植物，具有独特的花果同枝现象，一边盛开花朵，一边能观赏到红色的成熟果实。在草地上，白色的黄毛草莓（*Fragaria nilgerrensis*）和鲜红色的东方草莓（*F. orientalis*）正在成熟期，虽然果实个头很小，但具有浓郁的草莓香气，是这个季节滋味最好、营养最为丰富的野果之一，在让我们大饱口福的同时，也为保护区内众多的小动物提供了丰富的食物来源。

▲ 披针叶胡颓子

▲ 云南勾儿茶

▲ 黄毛草莓

▲ 东方草莓

四姑娘山自然保护区拥有大量具有观赏价值的野花资源，从高山草甸到灌丛，再到沟谷森林，野花资源非常丰富。初夏季节，高山草甸上花朵成片盛开，数量最多的是珠芽蓼（*Bistorta vivipara*）和圆穗蓼（*B. macrophylla*），远看白花花一片。高大的金脉鸢尾（*Iris chrysographes*）集中开放时也蔚为壮观，这种鸢尾花朵大，因花瓣上长有金色斑纹而很容易辨认。林下的偏翅唐松草（*Thalictrum delavayi*）虽然单个花朵个头不大，但组合成庞大的花序后，整体看起来非常美观。

　　在高山草甸上，我们还拍到了传说中的尖被百合（*Lilium lophophorum*），与开放时花瓣张开反卷的常见百合不同，尖被百合开花时，所有花瓣的尖端长在一起，形成了独特的造型，让第一次目睹真容的我们欣喜万分。另一种百合科植物就更

▲ 高山草甸

▲ 金脉鸢尾

▲ 尖被百合

▲ 腋花扭柄花

奇特了，名叫腋花扭柄花（*Streptopus simplex*），植株外形类似万寿竹属，粉色的小花通过细长的花柄着生在叶腋处，奇特的是细长的花柄都具有扭曲的弧度，这个属也因此被称为扭柄花属。还有一种很好看的深红龙胆（*Gentiana rubicunda*），通常龙胆科以蓝色花居多，红色的龙胆着实让人眼前一亮。

早春时节，四姑娘山的林缘地带繁花似锦，其中有一棵大树上长满了玫瑰红色的花朵，一串串下垂如同璎珞，走近细看，原来是玫红省沽油（*Staphylea holocarpa var. rosea*），旁边的粉红溲疏（*Deutzia rubens*）也正在盛开，满树都是粉红色的小花。保护区蔷薇属种类也很多，包括白色花的峨眉蔷薇（*Rosa omeiensis*）和粉红色花的细梗蔷薇（*R. graciliflora*），这两种野生蔷薇花朵硕大，花形美观，丝毫不逊色于人工栽培的观赏蔷薇种类。在高海拔杜鹃灌丛区域我们还意外地发现了细枝绣线菊（*Spiraea myrtilloides*），小花序生长在枝条顶端，开始都没看出来是绣线菊属的。在草本植物中，高颜值的种类也很多，例如在海子沟发现的紫花野决明（*Thermopsis barbata*），植株全身都长有银白色的长茸毛，花朵为少见的深紫色，印象中在豆科植物中，除了一些油麻藤属植物外，很少有全花为紫色的种类。长坪沟内成片分布的美观糙苏（*Phlomoides ornata*），是唇形科的高大草本植物，紫色的唇形花轮生在四棱柱形的茎秆上，具有很高的观赏价值，伴生植物中还有黄花鼠尾草（*Salvia flava*），黄色的花冠也十分醒目。在藤本植物中，也有一些正在开花，如西南铁线莲（*Clematis pseudopogonandra*）和须蕊铁线莲（*C. pogonandra*），开黄色花的须蕊铁线莲攀附在密林中，一颗颗椭圆形的花苞垂在树冠下，就像一个个黄色的小铃铛。

在四姑娘山自然保护区的实地考察中，还有一些形态造型别致、特点明显的植物给我们留下了很深的印象。例如晶莹剔透的松下兰（*Monotropa uniflora*），属于杜鹃花科，全株无叶绿素，完全依靠腐烂植物的养分生长。我们在针叶林下的苔藓层中发现了一个小群落，几十株生长在一起，高约10厘米，肉质的植物体呈白色，略带淡黄色，由于自身不会进行光合作用，长出地面完成开花结果后会迅速死亡变黑，因此又被称为"死亡之花"。而柳叶钝果寄生（*Taxillus delavayi*）的形态就更奇特了，它是桑寄生科钝果寄生属的一种寄生植物，和寻常植物都在土壤中长有根系吸取养分不同，它依靠寄生根从寄主枝条中直接吸取养分，属于植物界的"吸血鬼"，我们还幸运地拍到了柳叶钝果寄生的花朵。钻裂风铃草（*Campanula aristata*）姿态轻盈潇洒，蓝色的小花后是细长弯曲的花柄，看起来好像是一根挂上了蓝色诱饵的钓竿一样。黄三七（*Souliea vaginata*）是一种典型的先花后叶植物，常生长在石缝中，开花时叶片

▲ 粉红溲疏

▲ 玫红省沽油

▲ 美观糙苏

▲ 细梗蔷薇

▲ 川贝母

▲ 紫花野决明

尚未长出来，花朵仿佛是从紫色的肉质茎上突然冒出来的一样，在一片凄凉的早春季节给我们带来了惊喜。通过在四姑娘山对野生植物进行考察和拍摄，我还总结了一条心得体会：

切记不要始终站在人类视角，高高在上地去观察，去俯拍，因为为适应特殊环境，很多高原植物紧贴地面生长，花朵下垂，如果不放低姿态，俯下身体，我们就会错失很多独特的风景，以及揭开很多植物隐藏的小秘密的机会；换种思路，在漫长的人生道路上，俯下身体，才能领略到不一样的风景。

▲ 松下兰

▲ 柳叶钝果寄生

展望

四姑娘山自然保护区虽然自然条件优越，但在保护与发展过程中，保护区也面临着一些问题，需要引起我们的关注与深思。一是保护区面积大，地方经济发展与景区保护可能存在制约。二是当地居民对保护区自然资源的依赖性较强，对资源的利用强度较大，例如每年的虫草、川贝母（*Fritillaria cirrhosa*）采挖活动是当地居民的重要经济来源，容易造成过度采挖，导致资源总量下降。我们在保护区考察时就发现，分布在高海拔流石滩区域的水母雪兔子（*S. medusa*）等好几种风毛菊属植物，当地人统称它们为雪莲，认为其具有神奇的药效，最近几年进行了大量采挖，导致在流石滩上难以寻觅其踪影。三是旅游活动的规范管理。随着交通等基础设施的不断改善，前来保护区的游客数量可能出现"井喷"，如何应对突然暴涨的游客，保护区管理局还有很多工作需要去做，包括制定严格的游客容量限制方案，规范游客在保护区内的活动范围和户外宿营行为，规范登山活动，采取措施妥善处理旅游产生的垃圾等废弃物，控制马匹数量和马道的范围，加强宣传教育，等等。十九大召开后，"绿水青山就是金山银山"的理念进一步深入人心，而四姑娘山自然保护区的绿水青山就是我们要保护的"金山银山"。

高山植物的花园:
贡嘎山

　　贡嘎山,主峰海拔 7 556 米,是四川省最高峰,被誉为"蜀山之王"。2015 年至 2018 年,我曾数次来到四川省甘孜藏族自治州泸定县磨西镇,对贡嘎山国家级自然保护区海螺沟和雅家埂两个片区进行实地考察。贡嘎山自然保护区地处我国横断山系东北段,面积非常大,行政区域上跨甘孜州康定县、泸定县、九龙县和雅安市石棉县,始建于 1996 年,由甘孜州

▼ 贡嘎山海螺沟一号冰川

人民政府批准建立，同年经四川省人民政府批准为省级自然保护区，1997年经国务院批准晋升为国家级自然保护区，总面积40万公顷，其中核心区26万公顷，缓冲区7万公顷，实验区7万公顷。贡嘎山自然保护区以贡嘎山为主体，主要保护高山生态系统、珍稀濒危野生动植物资源及低海拔冰川景观。保护区是全球25个生物多样性热点地区之一，生态区位极其重要。从18世纪末开始，很多欧美科学家就曾多次来这里进行考察与探险，其中以美国探险家、植物学家约瑟夫·洛克1929年对贡嘎山的考察最为著名。在这次探险中，洛克探险队采集了大量的动植物标本并拍摄了几百幅珍贵的照片，他在日记中曾描述："贡嘎山的主峰，像一座金字塔一样鹤立鸡群于它的姊妹峰之上，高耸着直冲苍天，景色如此壮观，难以用语言来描绘它那非凡的全景。"近年来，国内也有很多学者沿着当年洛克的足迹，对贡嘎山进行了多次系统的科学考察。

壮观的冰川和红石滩

任何人来到海螺沟景区，都会被那巨大的冰川所震撼。由于独特的纬度、地形和气候条件，贡嘎山孕育了迄今为止在全世界极为罕见的低于森林的低海拔冰川，其中海螺沟片区最为壮观的一号冰川最低的冰舌（山岳冰川离开粒雪盆后的冰体部分，呈舌状）海拔仅有2 850米；坐在高高的索道上，能清楚地看到气势磅礴的冰川从主峰沿山谷直泻入苍茫的原始丛林中。当我们攀爬到高处俯瞰一号冰川时，只见贡嘎山主峰隐没在云雾中，巨大的白色冰川仿佛直接从云雾中流淌下来一般，这种壮观的景象真的如同洛克所言，难以用语言来描述。

从磨西镇出发，沿着去康定的方向走大约30千米的路程，就能到达贡嘎山自然保护区的雅家埂片区，这里是古代的茶马古道，除了拥有冰川、森林之外，还拥有独特的红石滩。漫步在雅家埂的河谷中，可以看到河滩上的大部分石块都呈现出一种鲜艳的红色，像是被刷了油漆一样，甚至到冬季降雪时红色仍不消退。查阅资料才知道，石头上的红色原来是一种名叫约利橘色藻的微小原始藻类，这种气生丝状绿藻的体内富含色素，可以帮助它们防御高海拔地区的紫外线。由于橘色藻的大量繁殖，这里才形成了独特而壮观的红石景观，现在已被建成中国第一家红石公园。

▲ 冰川从主峰直泻入原始森林中

▼ 壮观的红石滩

极其丰富的高山植物多样性

由于复杂多样的自然地理条件，贡嘎山自然保护区孕育了丰富多彩的动植物物种，素有"动植物宝库"之称，是研究我国西部地区高山植物的天然实验室。我们的考察路线从原始森林一直到冰川上部的流石滩。在考察过程中，我们充分领略了贡嘎山高山植物的神奇风采，并拍到了很多只生长于高海拔地区、平原地区难得一见的美丽花朵，这也算是给气喘吁吁的我们些许慰藉。由于贡嘎山高山植物资源太丰富，下面根据其亲缘关系和形态特征分成几个家族来分别介绍。

（1）绿绒蒿家族与紫堇家族

这两个家族都属于罂粟科，作为"臭名昭著"的大毒枭罂粟的亲戚，这两个家族成员不但不含有违禁成分，反而遗传了罂粟科大家族艳丽的外貌基因，颜值很高。绿绒蒿属植物是世界著名的野生高山花卉，生长在高海拔区域，因为花朵大、花形美、颜色艳丽，又被称为"高山牡丹"。我们在保护区共拍到了3种正在开花的绿绒蒿，其中黄色的全缘叶绿绒蒿分布较为广泛，花期也较早，7月下旬绝大多数都已经结果，我们只发现少数几朵残存的花；另一种开蓝紫色花的长叶绿绒蒿大多数也到了果期，这种绿绒蒿茸毛较少，叶片和花梗都比较光滑，钟形的花冠略下垂，姿态优雅；而宽叶绿绒蒿（*M. rudis*）却正在盛花期，数量也比较多，宽阔的叶片、花梗甚至花苞上都长满了长长的尖刺，武装得十分严实，硕大而娇嫩的花朵占植株比例很大，蓝色的花瓣呈半透明状。

紫堇属植物隶属于罂粟科紫堇族，是罂粟科中最大的属，在我国共有约300种，紫堇家族成员多，有的形态和花色变化很大，有的成员外貌又很相似，导致种类鉴别十分困难。我们共拍到了5种正在盛花期的紫堇属植物。其中两种开蓝色花：一种是亮蓝色的浪穹紫堇（*Corydalis pachycentra*）；另一种是天蓝色的暗绿紫堇，星星点点的蓝色点缀在高山草甸中，十分醒目。另外3种开黄色花朵的分别是细柄黄堇、具冠黄堇（*C. cristata*）和密穗黄堇（*C. densispica*）。

（2）马先蒿家族

马先蒿家族隶属于列当科，种类繁多，在中国有近400种。其花冠高度进化，拥有盔状和唇状的特殊结构，并且少数家族成员间的区别仅仅体现在盔和喙的旋转角度

▲ 宽叶绿绒蒿　　　　　　　　　　　　　　　　　　　　　　　　　　▲ 浪穹紫堇

或旋转方向上，因此对这个家族的分类鉴定非常困难。很多
专业植物分类学者都感到十分头疼，因而戏称该家族成员为
马家的。同时，马先蒿家族成员形态各异，花色更是千变万化，
具有重要的观赏价值和药用价值。贡嘎山自然保护区内马先蒿
家族成员众多，受考察季节限制，我们只拍到并鉴定出 10 个
成员。这 10 种马先蒿有些是依据形态特征命名的，因特征明
显而比较容易辨识，如花朵长成一个头状花序的四川头花马
先蒿（*Pedicularis cephalantha* var. *szetchuanica*）、花朵上端长
有右旋弯曲小管的管花马先蒿（*P. siphonantha*）、植株高大而
分枝众多的美观马先蒿（*P. decora*）、下唇长有长喙且布满独
特茸毛的绒舌马先蒿（*P. lachnoglossa*）、植株矮小叶片紧贴地
面的弱小马先蒿（*P. debilis*）、花冠如同一个包裹的头盔的裹
盔马先蒿（*P. elwesii*），以及上翘的盔与下唇近乎直角的小唇
马先蒿（*P. microchilae*）等。除此之外，马家成员还有一个特
点就是很多种类都是以命名人的名字来命名，如福氏、佛氏、
拉氏、杜氏、道氏等，后面再加上马先蒿，这样初看起来很
方便，但最大的"恶果"是它的名字与形态特征没有任何联系，
看到名字无法对它的模样产生联想，这也是植物分类学家对
马家头疼的重要原因之一。我们在保护区观察到的以人名命
名的马家成员共有 3 种，分别是谬氏马先蒿（*P. mussotii*）、大

卫氏马先蒿（*P. davidii*）和罗氏马先蒿（*P. roylei*）。

（3）报春花家族

看完能把人绕晕的马先蒿家族后，我们来欣赏一下清新飘逸的报春花家族吧。报春花家族，顾名思义，多数是早春开放，预报春天的到来。作为春的使者，报春花家族成员绝大多数都体态修长苗条，叶片匍匐在地面上，开花时抽出长长的花葶，花朵开放在顶端，亭亭玉立。3月份当我们第一次来保护区时，只在草海子附近见到了春花脆蒴报春（*Primula hookeri*），这种报春花开花很早，附生在树干苔藓层里，给早春单调的保护区带来了丝丝亮色。7月底的考察拍到并鉴定

▲ 管花马先蒿

▲ 四川头花马先蒿

▲ 大卫氏马先蒿

▲ 裹盔马先蒿

出 5 种：其中黄色的钟花报春数量最多；体形娇小的糙毛报春（*P. blinii*）生长在岩石壁上，叶片如同开裂的羽毛，又被叫作羽叶报春；同样玲珑可爱的紫晶报春（*P. amethystina*）长在草甸上，铃铛一样的紫色小花把花梗都压弯了；而穗花报春（*P. deflexa*）和靛蓝穗花报春这两种报春则如同一对孪生姐妹，不仅名字只相差两个字，它们的花朵外形也几乎一模一样，只是花色一个是紫色，而另一个是靛蓝色。

（4）"垂头"家族

在考察中我们还看到了很多花冠下垂的高山植物，暂且抛开分类系统不说，根据垂头这个特征，我们可以把它们都归入到独特的"垂头"家族中。这个家族的成员共同的特征就是花冠下垂，谦卑而含蓄，不甚张扬。也许很多人都觉得奇怪，为什么很多高山植物都会长成垂头丧气的模样呢？仔

▲ 春花脆蒴报春

▼ 糙毛报春

细想想就会明白，在海拔 4 000 米以上的高山地带，由于气温低，湿度大，天气变幻莫测，雨雪冰雹更是家常便饭，下垂的花冠可以有效防御冰雹颗粒等对花蕊的伤害，这也是聪明的植物在长期的进化选择中的一种适应性。

在"垂头"家族成员中，最名正言顺的当数垂头菊属植物，这是菊科大家庭中最为独特的属之一，我国约有 64 种，全部分布于青藏高原和西南高山地带。我们在贡嘎山也见到了两种，分别是紫色的钟花垂头菊（*Cremanthodium campanulatum*）和黄色的喜马拉雅垂头菊（*C. decaisnei*），其中钟花垂头菊数量居多，在接近流石滩的区域几乎随处可见。除垂头菊属植物外，我们还见到了垂头虎耳草（*Saxifraga nigroglandulifera*），看名字就能大致想象到它的形态，黄色的小花驯服地下垂着。还有一些尽管名字中没有出现"垂头"字眼，但花冠下垂的植物也被我们归入"垂头"家族中，如菊科的细茎橐吾（*Ligularia hookeri*），细细的花梗很长，顶端的几朵黄色花自然下垂；还有石蒜科的高山韭（*Allium sikkimense*），花梗柔软，蓝色的小花如同秤砣一样悬挂在顶部；石竹科的宽叶变黑蝇子草（*Silene nigrescens* subsp. *latifolia*）每棵只有一朵小花，就像挑着一个圆乎乎的带有紫色条纹的小灯笼。另外，茄科的茄参和桔梗科的管钟党参（*Codonopsis bulleyana*）都长有典型的下垂花冠，钟形的花冠就像倒扣的铜钟，把花朵内部结构包裹得严严实实。

▲ 垂头家族的钟花垂头菊

▲ 垂头家族的喜马拉雅垂头菊

▲ 管钟党参

▲ 宽叶变黑蝇子草

（5）龙胆家族和雪莲家族

龙胆家族是典型的高山植物类群，很多成员都长有鲜艳的蓝色花朵。我们来得不巧，正好错过了龙胆家族的集中开花季，在考察过程中只拍到了4种龙胆家族成员，分属于3个不同的属，包括高山草甸上的七叶龙胆（*Gentiana arethusae* var. *delicatula*），这是一种花冠上具有深蓝色纵条纹的龙胆属植物，还有龙胆属的长梗秦艽（*G. waltonii*）、獐牙菜属的高獐牙菜（*Swertia elata*）和蓝钟花属的蓝钟花（*Cyananthus hookeri*）。

由于民间的传说和对其药效的过度夸大，提起雪莲，很多人都会觉得很神秘，认为是难以一见的"仙草"，其实，雪莲和另一种"仙草"灵芝一样，都是被民间误解最深、被过度夸大的药用植物，真实的雪莲主要是菊科风毛菊属雪莲亚属和雪兔子亚属植物。它因为头状花序外通常长有巨大的花瓣状苞片，使得整个花序形状类似莲花，又多生长于高海拔的雪山之上，所以获得了雪莲这个美丽的名字。贡嘎山保护区内分布的雪莲家族成员应该非常多，但多数都在人迹罕至的流石滩区域。我们在考察过程中共拍到了3种雪莲家族成员。一种是体形巨大的苞叶雪莲（*Saussurea obvallata*），又叫苞叶风毛菊，外形酷似大名鼎鼎的近亲天山雪莲，由于巨大的叶状苞片把整个花序包裹着，因此而得名；轻轻地拨开包裹的苞片，能清楚地看到内部的花朵结构。另一种是被紫色总苞片包裹，只有开放时才会露出花朵真面目的球花雪莲（ *S. globosa* ）。最后一种是花朵呈现褐色的褐花雪莲（ *S. phaeantha* ），由于没有苞片包裹，看起来似乎和印象中的雪莲区别很大。

（6）其他家族

除了上述有名有姓的知名家族外，贡嘎山保护区还有数量众多、各具特色的杂姓家族，它们的存在共同构成了高山植物的多样性。比如高山草甸上的两种白珠属植物就让我们眼睛一亮，以前只见过图片和文字描述，见到实物才发现果然是名不虚传。白珠属的植物隶属于杜鹃花科，听名称就知

▶ 苞叶雪莲

▼ 七叶龙胆

道果实一定像白色的圆珠一样，如匍匐在地面上的平卧白珠（*Gaultheria prostrata*），植株很小，比苔藓大不了多少，但成熟的白色小果比例很大，特别醒目，而不远处的另一种刺毛白珠（*G. trichophylla*）个头也很小，但成熟的果实是一种鲜艳的蓝色，像是一颗颗蓝色的珍珠。高山地区虎耳草科种类也很多，除了上面被我们列入"垂头"家族的垂头虎耳草外，我们还拍到了长有黑色花蕊的黑蕊虎耳草（*S. melanocentra*），以及模式标本就采集于贡嘎山，并因此命名的贡嘎山虎耳草（*S. gonggashanensis*）。为防御高原上的寒风，很多高山植物都主动降低身高，匍匐在地面上生长：如莲座状的金沙绢毛苣（*Soroseris gillii*），这是一种花序上长有绢毛的菊科植物，以及杨柳科的扇叶垫柳（*Salix flabellaris*），这种柳树和通常人们印象中的垂柳或旱柳比，简直有天壤之别，为适应高原条件，整个植株都长成垫状。

在实地考察中，我们还第一次见到了假百合（*Notholirion bulbuliferum*），这种百合的亲戚从外表上看很像某种百合花，花瓣基部呈蓝紫色，非常漂亮，如果挖出地下鳞茎会发现，根部只有一个狭窄的卵形鳞茎，却无通常百合鳞茎所具有的

▲ 刺毛白珠

▲ 金沙绢毛苣

▲ 假百合

鳞片，因此被称为假百合。还有伞形科棱子芹属的臭棱子芹（*Pleurospermum foetens*）、石蒜科葱属的太白韭（*Allium prattii*）、菊科火绒草属的美头火绒草（*Leontopodium calocephalum*）、蔷薇科委陵菜属的金露梅（*Potentilla fruticosa*）、毛茛科乌头属的伏毛铁棒锤（*Aconitum flavum*）等，这些植物多数都具有很高的观赏价值或药用价值。

丰富的资源植物

考察过程中，我们恰巧还遇到了几位正在采药的当地居民，通过询问了解到，在春季他们主要采集贝母和虫草等药材，而夏季主要采挖"手掌参"和红景天。他们所说的"手掌参"名为手参（*Gymnadenia conopsea*），是一种兰科植物，目前在保护区内的资源量很大，7月正是手参开花季节，在草甸上一眼就能看到。手参的药用部分是根部的白色手掌状肉质块根，就像一只胖乎乎的小手掌。采挖过程是整株挖出，摘取掉"小手掌"后植株就全死了。在山民的采集袋中，我们还看到了好几种高山特有的红景天属植物，包括柴胡红景天（*Rhodiola bupleuroides*）、西川红景天（*R. alsia*）、优秀红景天（*R. nobilis*）和云南红景天（*R. yunnanensis*），这些红景天属植物可以制成红景天胶囊，具有抗高原反应的功效。

难得的高山生存体验

7月的一次考察，我们在4位彝族向导和4匹驮运行李骡子的协助之下，翻越了两处4 500米以上的垭口，前往鹏程山山顶调查，并在海拔4 000多米的高原上住了两个夜晚。山高

▲ 手参

▲ 西川红景天

路远，三天两夜的野外生存体验，对于常年生活在海拔十几米平原地区的我们来说，真的是一次残酷的考验，更是一种宝贵的人生经历，当我们最后平安返回磨西镇时，居然有种重返人间的感觉。

　　第一天早晨，我们从索道上站（海拔 3 400 米）出发时，大家还体力充沛感觉不错。随着海拔逐渐升高，高山草甸带盛开的各种野花让我们的速度慢下来；山区气候变幻莫测，有时一团云雾过来，就突然开始下雨，冰凉的雨点淋到身上让人直打寒战，我们最担心的事就是感冒。快到垭口时，已经接近流石滩生境，植被十分稀疏，道路也更加难行，走在碎石上稍不小心就会扭到脚踝。直到傍晚我们才到达住宿地，这是一个远离人烟的简陋小石屋，虽然没有电，也没有手机网络信号，但夜晚可以不用睡帐篷，不用担心风雨，能生火取暖，吃上热的东西，感觉就很幸福了。晚上吃着向导用水壶给我们煮的米饭，尽管半生不熟，但在徒步一天体力严重透支的情况下，仍然感觉非常美味。夜晚四周一片寂静，屋内一团漆黑，大家早早钻进睡袋，期待美美睡一觉，但高原缺氧加上拥挤，我几乎整夜都处于半昏半醒的状态之中。第二天起早继续赶路，中午翻越另一座垭口，才到达鹏程山顶，大家席地而坐，借助自动加热的速热米饭来补充能量，傍晚返回与世隔绝的小屋中，再次度过了漫长而难以入眠的一个夜晚。第三天打起精神，用小溪里寒冷彻骨的雪水洗个脸，开启返程之旅，又是一天艰难的徒步行程，当下午平安地回到镇上时，感觉体力已经接近极限。这难得的 3 天，不仅是我人生之中最难忘的一次经历，更是对我们意志力的一次挑战。

结 语

贡嘎山保护区不仅是国家级自然保护区，同时还是国家级风景名胜区、国家森林公园、国家地质公园、冰川公园和 5A 级旅游景区，根据现行法律法规，自然保护区属于禁止开发区，而风景名胜区和森林公园等保护地类型又允许进行一定规模的开发建设；同时贡嘎山保护区及周边地区还生活有相当数量的当地居民，世代居住在这里，依赖自然资源而生存。因此，如何协调保护与发展的关系，科学地保护和管理好这片神奇的土地，值得深思。

目前，中国科学院已经在贡嘎山建立了贡嘎山高山生态系统观测试验站（中国科学院贡嘎山高山生态站），原环境保护部也于 2016 年建立了贡嘎山生物多样性野外观测基地，后续将开展长期的野外观测工作，海螺沟片区作为横断山地区的典型代表和长江上游的重要生态屏障，保存了国内外罕见的古冰川遗迹、现代冰川、原始森林、温泉、湖泊、雪峰等自然景观。对于这些珍贵的自然资源，我们不仅要保护好，更要研究好，利用好，只有这样才能充分发挥贡嘎山保护区应有的功能，并传承给我们的子孙后代。

滇金丝猴的家园：
白马雪山

　　在世界闻名的金沙江、澜沧江、怒江"三江并流"世界自然遗产的核心区域，有一个以滇金丝猴及其栖息生境为主要保护对象的国家级自然保护区——云南白马雪山保护区。由于山高路远，交通闭塞，一直藏在深闺无人识，在一个多世纪以前，这里还是一片不为人知的世外桃源。从2010年到2018年的9年间，因工作原因，我曾先后4次来到这里，足迹从金沙江干热河谷江边的奔子栏，到海拔4 000多米的白马雪山垭口，再到维西县滇金丝猴栖息的密林，区内神奇的自然景观、丰富的物种资源、神秘的藏族文化习俗都给我留下了难以忘怀的美好回忆。

▼ 远眺白马雪山

多样的地形地貌

白马雪山自然保护区位于云南省迪庆藏族自治州德钦县与维西县境内，总面积 28 万公顷，1983 年由云南省人民政府批准建立，1988 年晋升为国家级自然保护区，主要保护高山针叶林、山地植被垂直带自然景观与滇金丝猴。保护区处于横断山脉中段，是滇西北最为典型的高山峡谷区域，区内群峰耸立，峡谷纵横，主峰白马雪山海拔高达 5 430 米，极目远眺，犹如一匹奔腾的白马，因此而得名。当地人也叫它"白茫雪山"，藏语叫"坎日格布"，山顶终年白雪皑皑，景色别致。

在来白马雪山保护区之前，我们很难体会歌曲中"这里的山路十八弯"到底有多弯，当你亲身来到了这里，你才会真正发现，山路的弯道有多么曲折。路在这里已经成了一些迂回在山间的痕迹与符号，而不仅仅是一个交通名词；由于路

▼ 白马雪山垭口秋色

是当地居民与外界沟通的唯一通道和生命线，因而被赋予了更多的意义。这里也是从云南进入西藏的必经门户，历史上著名的茶马古道就从保护区中穿过，蜿蜒的山路上曾经留下了深深的马蹄印。在保护区内考察的过程中，汽车翻过一座座山，经过一道道的垭口。

　　保护区内不仅山路险峻崎岖，还拥有巨大的海拔落差，其中最高点海拔超过了 5 千米，但河谷中的最低处海拔还不到 2 千米，相对高差超过了 3 千米，而水平距离常常就在几千米范围内。当我们驱车从海拔 4 200 多米的白马雪山垭口下到奔子栏金沙江河谷时，由于气压的骤变，耳朵中还不时感觉到一阵嗡嗡的回响声。与此同时，一股热浪迎面而来，仿佛一下来到了另一个世界，与山上的清凉形成了鲜明对比。这是由于特殊的地貌而形成的一种独特的干热河谷气候，在地形封闭的河谷中，气流越过高山后下沉，气温升高形成焚风，加

▼ 金沙江干热河谷

速水汽蒸发，同时，由于地形限制，热量无法散去，河谷地区出现高温、干燥的特点。地表植被因此受到限制，十分稀疏，甚至出现大片裸土和裸岩地。金沙江两岸由于干旱，自然植被具有典型的干旱植被特征，仙人掌等旱生植物随处可见，但其他绿色植物十分稀疏，生态环境十分脆弱。

高原密林中的精灵

白马雪山虽然没有梅里雪山那么响亮的名气，但保存了较为完整的原生态环境，是我国低纬度高海拔地区原始高山针叶林保存最为完整的地区之一。保护区高海拔区域生长着大面积的云冷杉暗针叶林，为我国特有的国宝滇金丝猴（*Rhinopithecus bieti*）提供了理想的生活家园。滇金丝猴又叫黑白仰鼻猴或雪猴，是我国存在的4种金丝猴之一，也是分布海拔最高的种类，是一群高原生存专家，被誉为"高原精灵"。由于野生种群数量十分稀少，滇金丝猴被列为国家一级重点保护动物。1890年，法国人首次在维西县捕捉到7只滇金丝猴，并制成标本，经过多年研究后，于1898年正式命名为滇金丝猴。

▲ 滇金丝猴

▼ 杜鹃灌丛与落叶松林

滇金丝猴是一种集群生活的灵长类动物，当地的傈僳族人认为金丝猴是他们的祖先，称其为"山中野老"。根据统计，白马雪山保护区内共生活了 8 个滇金丝猴自然种群，总数约 1 200 只，占我国野生滇金丝猴种群的 60%，因此，白马雪山保护区不仅是全国面积最大的滇金丝猴自然保护区，也是滇金丝猴种群数量最多的自然保护区。

在位于维西县塔城镇的格花箐核心区，我们终于近距离见到了神秘的滇金丝猴，抬眼望去，有两只滇金丝猴正悠然地坐在树枝上，相互偎依着整理毛发，享受着午后的宁静。这里空气清新，自然条件非常优越，漫步于森林中，可以在云杉和冷杉的枝条上看到一串串悬挂着的长松萝（*Usenea longissima*），这是高海拔地区特有的一种低等地衣植物，由于呈细丝状，挂在树枝上迎风飘动，也被当地人称作"树胡子"，营养丰富，是滇金丝猴最喜欢的食物之一。

丰富的生物宝库

由于地处滇西北生物多样性热点地区，白马雪山的生物多样性极其丰富，有着"寒温带高山动植物王国"的称号，特有物种多，是国内罕见的物种基因库和资源宝库。由于海拔落差大，植物的垂直分布异常明显，这里形成了壮观的垂直带谱，从雪线以上的高山冰雪带、高山流石滩疏生植被带、亚寒带高山灌丛草甸带、寒温性针叶林带、暖温性针叶林带、针阔混交林带一直到干热河谷灌丛带，依次分布了 10 多个植被类型，相当于我国从南到北几千千米的植物分布带。根据调查统计，全区共有种子植物约 1 747 种，脊椎动物约 389 种，国家重点保护的物种有滇金丝猴、林麝、小熊猫、雪豹（*Panthera uncia*）、藏马鸡（*Crossoptilon harmani*）、玉龙蕨、云南红豆杉（*Taxus yunnanensis*）、松茸（*Tricholoma matsutake*）等。在 1905 年至 1931 年间，英国爱丁堡皇家植物园的乔治·福雷斯特曾 7 次进入滇西北采集动植物标本，其中有 5 次进入白马雪山，共采回 10 万多份动植物标本。此后，很多专家学者先后多次前往白马雪山保护区进行考察，包括奥地利的亨德尔（Handel）、美国的 J. F. 洛克以及中国的植物学家俞德浚和冯国楣等，他们发表了很多新种，包括 50 多种杜鹃花新种。1939 年，静生生物调查所（中科院植物研究所的前身）对保护区植物也进行过较为详尽的标本采集。

在靠近曲宗贡的高海拔区域，我们看到大面积的杜鹃灌丛林。杜鹃的主要种类为多色杜鹃和川滇杜鹃等，生长于雪线与落叶松林之间，最大集中分布面积达到上万亩（1亩=666.67平方米），在春季盛花期这里就成了一片杜鹃花的海洋，景色壮观，令人叹为观止。白马雪山高山杜鹃林也因此被《中国国家地理》评为中国最美十大森林之一，可惜我们没能赶上开花的季节。在沟谷地带，杜鹃花种类也不少，常见的有云南杜鹃（*Rhododendron yunnanense*），顾名思义，这种杜鹃花在云南省分布很广，近乎白色的花瓣上有紫色斑点。早春季节，在保护区还很容易看到青刺尖（*Prinsepia utilis*），又名扁核木。这是蔷薇科的一种小灌木，整个植株都长有长长的青绿色枝刺，因此而得名；早春盛开一串串白色的小花，成熟的果实还可以食用。

在考察过程中，随便留意一下脚边，就会发现身边几乎到处都生长着奇花异草，很多种类只生长于高海拔地带，并因此而进化出独特的颜色与形态。在滇金丝猴国家公园所在的维西县片区，我们就拍到了一种花形独特的维西马兜铃（*Aristolochia weixiensis*），这种马兜铃科的藤本植物，盛开的一朵朵紫色小花像极了一个个袖珍的紫色萨克斯管悬挂在藤蔓上。旁边的宝兴淫羊藿（*Epimedium davidii*）花朵形状更为奇特，黄色的花朵拥有4个向内弯曲的爪，简直就是一顶马戏团小丑的帽子嘛。黄杨科的双蕊野扇花（*Sarcococca*

▲ 云南杜鹃

▲ 青刺尖

▲ 维西马兜铃

▲ 宝兴淫羊藿

hookeriana var. *digyna*）是一种常绿小灌木，植株美观，特别是成熟的蓝紫色果实上还宿存有两个短短的花柱柱头，十分可爱。在白马雪山保护区内，除了野生花朵外，春季还能看到成片由当地人栽种的苹果开放的花海，美丽而壮观。

发展的困境

　　由于白马雪山保护区人迹罕至，很多原生态的自然景观得以完好保存下来。保护区具有雄伟、险峻、奇特、秀丽等特点，除了壮美的雪山、原始的森林、高原精灵滇金丝猴以外，保护区内还有壮观的金沙江大拐弯。金沙江在这里发生了一次巨大的弯折，两岸高山峻岭，似鬼斧神工雕凿一般，江面急流滔滔，浪花四溅，水声震天，气势磅礴。保护区地处滇西北藏区，除了藏族外，还有傈僳族、纳西族、怒族、彝族、拉祜族等少数民族，千百年来，当地人不断与自然抗争，最终形成了一种和谐自然的传统生产生活方式，他们的传统文化中包括了很多自然保护的神话传说、直观的动植物图腾以及对生态环境的敬畏与崇拜。我们在考察过程中，也随处可以感受到独特而浓郁的滇西北藏族文化。几乎所有的藏族村寨都建有白塔，用于祭祀等宗教活动。每个村寨都有特定的神山，神山内的野生动植物不允许随意破坏和猎杀。很多当地人择水而居，世代居住在河谷溪流附近，以农业耕作、放牧为生，其中金沙江河谷地区种植的葡萄品质优异，酿造的葡萄酒远近闻名。穿行于保护区中，高大的藏族民居像城堡一样坚固，它们依据地形地势而建，或错落有致地分布在河流附近的峡谷中，或掩映在绿树丛中，有时可看到屋顶上晾晒着金黄色的玉米，行走其间，仿佛置身世外桃源一般。

然而，由于近年来经济社会的不断发展，白马雪山保护区内居民人口数量持续增加，原有的民族传统文化不断受到外来文化的冲击。部分区域出现资源过度利用的情况，对生态环境造成了较大的影响。当地居民的房屋采用传统木结构，建造时需要砍伐大量木材，冬季取暖也需消耗一定数量的乔木或灌木。2018年我在对白马雪山保护区的管理评估中惊喜地看到，保护区与区内的东竹林寺、塔巴林寺等寺院合作开

▼ 金沙江大拐弯

▲ 东竹林寺

▲ 峡谷中的当地藏族居民村落

展宣传教育活动，让高僧不定期深入社区宣传保护生态环境的重要性，取得了很好的成效。

　　展望未来，神圣而美丽的白马雪山自然保护区不仅拥有独特的景观资源和丰富的生物多样性，在各方的关注和保护下，这颗滇西北的明珠一定可以完好地保存下来，给子孙保留一份珍贵的自然遗产。

第二章

辽阔草原与苍凉荒漠

五花草甸的海洋：
红松洼

每年夏天，京津地区的很多人都会去坝上草原避暑，坝上到底在哪里，相信很多南方人并不清楚。实际上，"坝上"是指从河北张家口市至承德市以北，包括河北丰宁县、围场县和内蒙古多伦县、克什克腾旗在内的一块具有特殊气候和地貌特征的草原森林交汇区域，平均海拔约 1 500 米。坝上地区处在河北和内蒙两省交界的独特区位，空气清新，夏季凉爽，是华北重要的避暑胜地。2018 年荣获"地球卫士奖"、被誉为我国生态文明建设典范的塞罕坝机械林场（塞罕坝国家级自然保护区）就位于坝上地区，大面积的森林构筑了一道绿色长城，成为守卫京津冀和华北地区的重要生态屏障。其实，坝上地区最吸引人的是夏季那短暂而又壮观的"五花草甸"，其中最具原始风貌的坝上五花草甸，则位于红松洼国家级自然保护区。从 2012 年至 2015 年的 4 年间，为开展环保公益性课题的研究，我曾多次来到保护区进行实地调查，深深着迷于夏日红松洼那壮观的五花草甸海洋中。

独特而典型的五花草甸

河北省的地势到了坝上突然升高，红松洼保护区正处于由森林草原带向蒙古高原草原带过渡的区域，植物区系属于蒙古植物区系和东北植物区系的交汇地带，在行政上隶属于河北承德市围场县，西与塞罕坝机械林场交界，北与内蒙古克什克腾旗接壤。由于独特的地理位置和气候特点，红松洼保护区的野生植物资源，尤其是草原草甸植物资源特别丰富，是一座天然的草原植物博物馆。由于无霜期短，红松洼的夏季极其短暂，保护区内绝大部分草本植物的物候期都集中在一起，从发芽、抽穗到开花、结实的整个过程都集中在 5 月至 8 月的短暂时间里。高海拔区域由于紫外线较强，花色多样，盛夏季节，保护区的大量植物集中开花时，大面积的亚高山草甸成为一片花的海洋，五颜六色，万紫千红，成为典型的"五花草甸"，景色蔚为壮观。

保护区曲折的发展历程

历史上，红松洼保护区所在区域曾是清朝皇家狩猎场（木兰围场）的重要组成部分，这里林木葱郁，水草茂盛，是清代皇帝每年秋天巡视和狩猎之所，俗称"木兰秋狝"，现在的围场县也因此而得名。中华人民共和国成立后，为了开发利用草原资源，1958年，围场县政府在这里建立了红松洼牧场，繁育种马和种羊。1964年经农业部批准，将红松洼牧场扩建为国营围场县种畜场，隶属河北省畜牧局。1968年，省畜牧局将其下放给围场县，并改名为围场县红松洼种畜场。1992年和1993年经有关专家的实地考察论证，认为红松洼草原具有很高的科研和生态价值，是中国北方保存得最好的原始草原之一，对防止北沙南侵、维护华北生态环境具有重要的意义。因此，1994年经河北省人民政府批准正式建立了红松洼省级草原生态系统自然保护区，1998年经国务院批准晋升为国家级，主要保护山地草甸生态系统、野生动植物资源和自然景观，总面积7 970公顷。

建区以来，经过20多年的发展建设，红松洼保护区成立了正处级的管理处，并配套有红松洼派出所，拥有自己的执法力量。多年来，开展了一系列卓有成效的生态环境保护基础设施建设，包括在边界、不同功能区和关键节点位置设立界碑、界桩，通过围栏封育对重要区域实施严格保护，禁止任何人、畜进入核心区和缓冲区。修建了2座防火瞭望塔、3座检查站，配备了资源管护车、防火运兵车、管护摩托车，以及望远镜、对讲机等必要的管护设备。

红松洼保护区虽然自身专业技术人才紧缺，但通过积极与大专院校和科研单位合作，从2000年开始，在物种资源本底调查、草原生态系统固定监测、有机食品开发等方面开展了大量的合作研究，发表了多篇学术论文，同时积极利用现有的资源优势，开展科普宣教活动，建立了标本馆，向保护区周边的当地居民和到访的游客进行宣传教育。守护红松洼草原的不仅有保护区工作人员，还有当地的社区居民，他们在保护红松洼草原工作中扮演了重要角色，为保护区的建设

▲ 草原防火瞭望塔

▲ 植物样方调查

和保护倾注了大量心血。甚至可以说，没有社区的参与和共管，就没有现在的红松洼草原。社区居民主要参与保护区的防火、补播种草、集中杀灭草原鼢鼠，以及金莲花保护巡护等。每年的金莲花盛开季，由牧民参与的金莲花管护队吃住在野外，建立 24 小时巡护制度，在重要地带和交叉路口死看死守，确保了五花草甸景观的典型性免遭破坏，有效维护了草原生态景观的原生状态。

天然的植物资源宝库

红松洼保护区是滦河、西辽河两大水系的重要水源涵养区，地形平坦、开阔。冬季寒冷漫长，夏季凉爽短暂，春秋季不明显。保护区独特的自然地理条件孕育了丰富的野生动植物资源。据统计，红松洼保护区共有种子植物 66 科 286 属 623 种，其中具有较高观赏价值的野生花卉有 100 多种，主要为毛茛科、豆科、百合科、报春花科、菊科、蔷薇科等。当我们 5 月来到保护区时，坝上高原上的红松洼才刚刚进入早春，大部分植物还没发芽，沟谷里还残存着厚厚的积雪。但当我们在草丛中仔细寻找时，发现粉报春（ *Primula farinosa* ）、箭报春（ *P. fistulosa* ）和胭脂花（ *P. maximowiczii* ）这几种报春花科植物已经冒着寒风悄然开放，预报着坝上春天的到来。

报春花科植物大多数都有一个共同的特征，即莲座状的叶片匍匐在地面上，从中间抽出一根笔直的花葶，花朵都长在花葶的顶端，姿态优雅，亭亭玉立。胭脂花是早春红松洼最为亮丽的风景线，在尚未返青的草地上，一簇簇鲜艳的

▲ 箭报春

▲ 胭脂花

红色特别醒目，因其花色如同古时化妆用的胭脂而得名，当地牧民则没有这么文雅，看它们长着一根根细长如同光棍的花葶，直接叫它们"光棍花"。早春时节，其他常见的早开花儿主要有大瓣铁线莲（*Clematis macropetala*）、长筒滨紫草（*Mertensia davurica*）、白头翁（*Pulsatilla chinensis*）、矮鸢尾（*Iris kobayashii*）、驴蹄草（*Caltha palustris*）等，它们给单调的红松洼草原增添了几分明亮的色彩。

▲ 驴蹄草　　　　　　　　　　　▲ 大瓣铁线莲

从 6 月中旬开始一直到 8 月，红松洼草原仿佛突然从冬季跳入夏季，草原刚一变绿，就突然进入了盛花期。各种鲜花依次开放，让人目不暇接。玫瑰色的狼毒（*Stellera chamaejasme*），白色的银莲花（*Anemone cathayensis*）、梅花草（*Parnassia palustris*），蓝色的华北蓝盆花（*Scabiosa tschiliensis*）、翠雀（*Delphinium grandiflorum*），红色的野火球（*Trifolium lupinaster*）等，给绿油油的草原点缀了五彩的图案。特别是 7 月初集中开放的金莲花（*Trollius chinensis*）让红松洼草原变成了花朵的海洋。金莲花是毛茛科金莲花属的一种多年生草本植物，因花色金黄，形似莲花而得名。当一大片金莲花开放在一起时，金光闪闪，如同火焰一般，仿佛能把整个草原点燃。"金莲映日"也成为夏季红松洼一道珍贵的奇特景观。金莲花不仅具有极高的观赏价值，更是一道名贵的药材，有清热解毒的功效，但这一功效也给它带来了极大的麻烦，为了经济利益，几乎每年都会有外来人员夜晚偷偷进入保护区盗挖，在每年金莲花盛开季节，保护区都要派专人日夜在瞭望塔上值守，强化巡护。

7月下旬之后，伴随着金莲花的凋谢，红松洼的色彩更加丰富，紫红色的地榆（*Sanguisorba officinalis*）开始占据草原，成为数量最多的建群种，细长花葶顶部的紫色花序酷似桑葚，在微风中不停地摇弋；紫斑风铃草（*Campanula puncatata*）花朵硕大，因风铃形状的白色花朵内部长有很多紫色斑点而得名；华北蓝盆花是一种典型的北方植物，蓝紫色的花朵也很大，圆圆的如同脸盆。此外，还能看到很多蓝刺头（*Echinops sphaerocephalus*），顾名思义，这种菊科植物因为花序就像一

▲ 金莲花

▲ 梅花草

▲ 蓝刺头

▲ 翠雀

个蓝色圆球形的刺头而得名，植株通常很高大，蓝刺头就像哨兵一样，为草原上的其他小伙伴们放哨。8 月下旬以后，天气迅速变冷，红松洼草原很快地会脱下她的花衣裳，换上冬装，等待来年的盛装演出。

红松洼保护区不仅是花海，也是资源宝库，很多野生植物都是美味的山野菜，为周边的当地居民提供了天然有机食材，被制作成多种风味食品。其中最有名的，也是坝上地区的特产，莫过于当地人所说的"待皇"，很多去过坝上地区旅游的人应该都吃过。从字面上可以理解为招待皇上的食材，看到实物才发现，原来是蓼科华北大黄（*Rheum franzenbachii*）的叶柄。每年夏季，当地居民将华北大黄的粗壮叶柄连同叶片从基部一起拔下来，称之为"捺待皇"，清洗干净后，去掉叶片，将红色叶柄直接切断蒸熟，撒上白糖即可食用，味道酸酸甜甜，如同山楂糕，软糯可口，不仅美味，还有一定的食疗功效呢。

保护区内另一种野菜可是有点令人害怕的，俗称"老虎菜"，是荨麻科的麻叶荨麻（*Urtica cannabina*），我们在保护区的路旁看到很多。麻叶荨麻成年植株从枝条到叶片都长满了长长的蜇毛，如果不小心用手触碰到它，会被蜇毛刺入皮肤，引起剧烈的刺疼，受伤处还会红肿，如同被老虎咬到一

▲ 野生蘑菇

▲ 美味的"待皇"

般，土名也叫咬人草。我们在保护区内调查时，见到它都会躲得远远的，避之不及。但就是这样"凶猛"的植物，它的幼苗味道却很好，当地居民会把它的幼苗采摘下来，再用开水煮几分钟，凉水浸泡后即可炒食或凉拌，不过采集时可一定要小心。保护区内数量较多的野菜还有蒲公英（*Taraxacum mongolicum*），俗称婆婆丁，全国各地都有分布，属于常见杂草，成熟的果实如同一个个降落伞，采集它的新鲜嫩叶，洗净后凉拌、蘸酱食用，尽管味道略带苦味，但据说具有减肥和清热效果。红松洼保护区内其他经常被人食用的植物还有野生萱草花苞（黄花菜）、鹅绒委陵菜和种类繁多的蘑菇等。

　　红松洼也是一个天然的药物园，共分布有药用植物 200 多种，如金莲花不仅可以观赏，更具有滋阴降火、养阴清热和杀菌的作用，长期饮用金莲花茶可清咽润喉，对慢性咽炎、喉炎、扁桃体炎等有显著的预防和治疗作用。狼毒是瑞香科狼毒属的一种多年生草本，花色鲜艳，植株有毒，牛羊都不采食，目前被认为是草原生态系统退化的指示物种之一，当草地上狼毒数量变多时，表明草地正在退化。狼毒虽然有毒，但却具有较好的药用价值，其水提物对于癌症具有抑制作用，可以用于抗肿瘤药物。夏季草地上到处可见的黑柴胡（*Bupleurum smithii*）也是一种重要的药材，柴胡这个名字大家应该很熟悉，

▲ 黑柴胡

▲ 山丹

我们感冒时有时会喝一些柴胡冲剂，黑柴胡是伞形科柴胡属的多年生小草本植物，花小，很不起眼，根呈黑褐色，含有的药用成分具有治疗感冒、解热、抗炎的作用。此外，保护区内还有很多山丹（*Lilium pumilum*），它是野生观赏植物，花朵形状和百合类似，呈鲜红色，花单生或数朵排成总状花序，开放时花瓣强烈反卷，山丹的鳞茎和百合的鳞茎类似，具有润肺止咳、清心安神的作用，也是一味很不错的药材。其他常见的中药还有瞿麦（*Dianthus superbus*）、黄芩（*Scutellaria baicalensis*）、漏芦（*Rhaponticum uniflora*）、柳兰（*Epilobium angustifolium*）等。

作为种畜场，红松洼保护区有种类繁多的优良牧草，如冰草（*Agropyron cristatum*），别名野麦子或羽状小麦草，是温带最重要的牧草种类之一，品质好，营养丰富，适口性好，各种家畜都可采食，还具有良好的保持水土功能。野火球也是保护区内数量较多的优质牧草之一，它是豆科车轴草属的多年生草本植物，花朵开放时，紫红色的小花集中于顶端，像一个个小火球，因此而得名。野火球生物量大，营养也很丰富，多数家畜都喜欢采食，此外，野火球由于具有根瘤菌，还有利于土壤固氮，改善草地的肥力。花苜蓿（*Medicago ruthenica*）和斜茎黄耆（*Astragalus laxmannii*）是营养丰富的牧草，也是当地重要的冬季饲料。

▲ 冰草　　　　　　　　　　▲ 花苜蓿

清凉的避暑胜地

近年来，随着坝上地区夏季旅游的盛行，搭塞罕坝的顺风车，红松洼也逐渐成为坝上地区的旅游目的地之一。从北京市区出发，只需要 5 个小时车程即可到达红松洼，交通极为便利。保护区与附近的塞罕坝、滦河上游和御道口保护区共同形成了一条旅游风光带，区内的五花草甸、蓝天白云、郁郁葱葱的人工林、湖泊湿地、牛羊群，都是绝美的自然景观。春夏季的红松洼草原漫岗迂回，绿草如茵，野花如潮，呈现"云开灌木万山青，紫菊金莲漫地生"的自然景象，五颜六色的花铺天盖地，千姿百态，色彩斑斓。并且由于海拔高，气候凉爽，早晚温差大，红松洼保护区是极为理想的避暑胜地，盛夏的夜晚都要穿上厚衣服，空调在这里完全失去了用武之地。保护区无遮无挡的平坦地貌还是一个取之不尽、用之不竭的巨大"风库"。站在高处极目远眺，可以看到很多高大的白色"树木"，那是成片的风力发电机组，像一个个列队的卫兵，在红松洼草原上构成了一道绿色能源风景线。巨大的风机一年四季矗立在那里，随风旋转，周而复始，源源不断地产生电能。

在红松洼保护区的西北角，有一棵 200 多年树龄的落叶松古树，孤零零地矗立在草原上，很远就能看到，当地人们都习惯性地称它为"一棵松"，是红松洼保护区颇具代表性和纪念意义的一个标志物。据保护区同志介绍，"一棵松"的来历可不小，它的背后还有一个充满正能量的故事。当初塞罕坝在论证该地区是否适合松树生长时，意见分歧很大，不少人认为这里的气候属于内蒙古草原地带，不适合进行大规模造林。正是因为红松洼保护区里这棵古老的落叶松存在，证明了历史上这里应该是森林与草原的过渡地带，具备植树造林的条件。为此，才在塞罕坝地区掀起了大规模的人工造林活动，并获得了成功，形成了今天的塞罕坝百万亩人工林。从某种意义上来说，红松洼的"一棵松"发挥了重要作用，被塞罕坝创业者们骄傲地称为"功勋树"。

在红松洼草原，我们还能看到一道独特的风景，这是由上千头自由觅食的牦牛（*Bos grunniens*）组成的流动风景线。牦牛本来是我国西部高寒地区的特有牛种，原产地在海拔 3 000 米以上的青藏高原，在其他地方几乎无法饲养。红松洼的牦牛种群在 20 世纪 80 年代引入，进行低海拔饲养试点，并获得了成功，成为在我国海拔最低处牦牛繁育成功的典型案例。红松洼的牦牛相比它们在青藏高原的亲戚，个体偏小，大多全身呈深黑褐色，毛短而光滑。经过几十年的饲养，红松洼草原上的牦牛群已经成为红松洼一道独特而亮丽的风景线，无论是繁花怒放的盛夏，还是大雪纷飞的严冬，

▲ 神奇的"一棵松"

▼ 红松洼的牦牛

在莽莽草原和蓝天的衬托下，远远望去，成群的牦牛就如同一颗颗黑色的珍珠散落在草地上。

威胁因素与未来展望

红松洼保护区在发展中也面临着一些威胁因素，需要引起我们的高度关注。例如风电开发，虽然风力资源丰富，开发条件好，但如果开发强度过大，密集的风机不仅对草原景观具有一定影响，同时风机运行也会对野生鸟类，尤其是大型猛禽的栖息和觅食产生影响。猛禽的减少会导致草原鼠害日益严重。在春季的保护区内，不时能看到草地上有一个个小土堆，每隔几米就有一个，密集而有规律，起初以为是人工挖掘出来的，后来才知道作怪者是一种名叫草原鼢鼠（*Myospalax aspalax*）的小动物。这家伙长期在地下生活，挖出长长的隧道，

▲ 草原鼢鼠丘

▼ 可爱又可恶的草原鼢鼠

将土堆放在洞口，被称为鼢鼠丘。草原鼢鼠长得圆滚滚的，个头如小猫，眼睛很小，前肢上长有锋利的尖爪，是个挖洞能手，它以啃食草根为生，对草原破坏很大，当地人又称为"地羊"。每年保护区要投入大量的人力物力，集中灭鼠。

　　展望未来，红松洼保护区拥有巨大的机遇。首先是要妥善解决当地居民自身发展与生态保护的矛盾，严格控制牲畜的数量，发展有机放牧方式，规范保护区内野生植物资源的利用。然后要加强红松洼生态旅游的管理，将旅游与生态教育结合起来，将其打造成坝上地区优秀的生态旅游和宣教基地。我们相信，未来的红松洼保护区不仅能够让草地生态系统和野生动植物得到有效的就地保护，作为阻挡北部风沙南侵的有效屏障，保护首都北京免受风沙的侵害，同时还能为国内外专家、学者提供开展草原研究的理想基地，成为我国北方草原生态系统类型自然保护区的典范。

锡林郭勒草原上的明珠：
达里诺尔湖

    在蒙古语中，"达里"是大海，"诺尔"是湖泊，达里诺尔的意思就是像大海一样辽阔的湖泊。达里诺尔湖位于内蒙古自治区赤峰市克什克腾旗境内，距离锡林浩特市仅90千米路程。为了保护这个珍贵的草原湖泊，早在1986年，克什克腾旗人民政府就批准建立了旗级（县级）自然保护区，1996年和1997年，先后经内蒙古自治区和国务院批准逐级晋升为国家级保护区，总面积119 413公顷，其中核心区1 414公顷、缓冲区6 508公顷、实验区111 491公顷。2015年6月，我曾来到这里进行了一次短暂的实地调研，保护区内良好的草原

▼ 水草丰美的达里诺尔草原

生态系统、种类繁多的典型草原植物、波光粼粼的湖泊，还有那独特而灿烂的文化都给我留下了很深的印象。

美丽的草原美丽的花

实地调研发现，达里诺尔保护区虽然陆地部分主要为草原草甸生态系统，但不同区域差别很大。例如，湖的南岸主要为浑善达克沙地，地势较为平坦，沙地上草原植物低矮，在大面积的沙地上点缀着零零星星的榆树（*Ulmus pumila*），形成了壮观的榆树疏林景观，看起来很像纪录片里的非洲热带稀树草原，很有特色。这里的榆树尽管不高，数量也不算很多，但在防风固沙、维护区域生态平衡方面发挥了极其重要的作用。在保护区北、西和东3面主要为典型的草原景观，6月的草原正是青草生长最茂盛的季节，典型草原上绿草如茵，景色如画。在靠近湖泊的低洼区域，则分布有沼泽湿地草甸，以芦苇（*Phragmites australis*）、水葱（*Schoenoplectus tabernaemontani*）等湿地植物为主。

▼ 浑善达克沙地榆树疏林景观

▲ 串铃草

▲ 野罂粟

　　我来保护区的时候正赶上达里诺尔草原野花盛开的季节，各种颜色的野花随处可见，如唇形科的串铃草（*Phlomis mongolica*），一圈圈的紫色小花轮状簇生在直立的花梗上，仿佛一串串铃铛，串铃草的名字取得恰如其分，让你过目不忘。黄色的野罂粟（*Papaver nudicaule*）正在盛花期，硕大的鲜黄色花朵长在细长的花梗顶端，在绿色的草原上十分醒目。野罂粟虽然属于罂粟科，是毒品来源罂粟的近亲，但它不含有毒成分，是一种具有开发潜力的观赏野花。有些花儿十分珍贵，寻常难得一见，例如在湿地草甸区域，偶尔能看到盛开的广布小红门兰（*Ponerorchis chusua*）隐藏在高高的绿草丛中。

　　紫草科的长筒滨紫草，顾名思义，长有长长的花筒，一排紫色的小花像扫帚悬挂在枝条顶端。在远离湖泊的沙地区域，还能看到珍贵的野玫瑰（*Rosa rugosa*），虽然个头没有人工栽培的玫瑰大，单瓣的花朵也没有花店售卖的重瓣玫瑰漂亮，但它是重要的野生种质资源，蕴含珍贵的遗传基因。沙地区域还分布着白色的砂引草（*Messerschmidia sibirica*），这种紫草科植物十分适应干旱环境，分布范围也很广。

丰富多彩的科普宣教活动

　　保护区地处我国北方重要的生态功能区，属于大兴安岭山地南端、蒙古高原东部和浑善达克沙地三大地形的结合部，同时具有湖泊、湿地、草原、沙地、林地和山地多种景观，已被列入《国际重要湿地名录》，具有很高的保护价值。站在高

▲ 长筒滨紫草

▲ 野生玫瑰

▲ 广布小红门兰

▲ 砂引草

处俯瞰整个达里诺尔湖区，200多平方千米的湖面无边无际，宛如草原上的蓝色明珠。由于当地蒸发量远大于降水量，导致湖水不断蒸发，因此达里诺尔湖盐碱化程度很高，多数水生生物无法生存。湖内目前仅分布特有的瓦氏雅罗鱼（当地俗称华子鱼）（*Leuciscus waleckii*）和鲫鱼（*Carassius auratus*）两种野生鱼类。历史上达里诺尔就是一个著名的渔场，纪录片《舌尖上的中国第二季：秘境》中就有对达里诺尔湖华子鱼产卵和冬捕的大篇幅介绍。由于正好赶上鲫鱼产卵季节，我在贡格尔河入湖的河道里还幸运地看到了好多溯流而上的大

▲ 辽阔的达里诺尔湖

▼ 排队产卵的鲫鱼

▼ 巡护码头

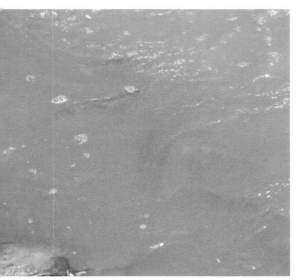

鲫鱼，都聚集在一起，等待着产卵，非常壮观。

　　达里诺尔保护区目前"两块牌子，一套人马"，办公地点位于达来诺日渔场场部，渔场和保护区管理处共同管理这个保护区。经过多年的发展建设，保护区利用国家级自然保护区能力建设专项、自然遗产保护项目、湿地工程项目，以及中国—加拿大生物多样性保护等项目的支持，修建了专门的巡护码头和道路，配备了必要的巡护船只，定期对湖面开展巡护工作。建立了保护区派出所、渔场渔政站和管护队"三位一体"的管护体制，2011 年还建成了远程视频监控系统，足不出户就能在大屏幕上观察保护区重点区域的实时情况。近年来，针对气候变化引起的水资源减少、湖区盐碱化面积扩大等问题，通过围封育草、栽置沙障、种植耐盐碱植物等措施对部分盐碱地进行生态恢复，取得了良好的效果。

　　保护区在科普宣教方面也开展了大量工作，新建成的造型别致的博物馆带有浓郁的草原特点，整个博物馆外观很低调，但建筑物顶部铺设草地，不会对周围的景观造成影响。博物馆内部不仅有整个保护区的沙盘模型和宣传展板，还可以观看视频短片。标本方面重点展示保护区内特有的瓦氏雅罗鱼和鲫鱼等鱼类、鸟类的标本。此外，达里诺尔湖还是黑鹳（*Ciconia nigra*）、白枕鹤（*Grus vipio*）、蓑羽鹤（*Anthropoides virgo*）和鸿雁（*Anser cygnoides*）等珍稀鸟类在我国北方的重要繁殖地，也是众多水禽的重要迁徙通道。

古老而灿烂的草原文化

　　达里诺尔保护区内不仅拥有丰富的自然资源，还保存下来很多别具特色的古文化遗址。刚进入保护区，我们就被一座高耸的火山口形状的小山所吸引，这是一座名叫砧子山的古火山，因为形状像切菜的砧板而得名。砧子山从平坦的草原上突兀而起，虽然不高，却如同苍茫大海中的一个孤岛，十分醒目。砧子山上的岩石上保存有几十幅辽代岩画，简洁的线条勾勒出栩栩如生的猎犬、猎人、骏马和羊群等形象，充满了历史的沧桑感。调研中，我们在保护区内还看到一长串圆形的土包形凸起，在平坦的草原上显得很突兀，经了解才知道这居然是仅次于万里长城的金代长城遗址，又称金界壕，是金国为了防御蒙古汗国等势力的入侵而修建的防御工事，经过近千年的风雨侵蚀，土质墙体被侵蚀殆尽，只保存下这独特的遗址，已被列入国家重点文物保护单位。除金长城遗址外，保护区内还有一处国保单位——应昌路遗址，也称鲁王城遗址，

▲ 砧子山辽代岩画

当年曾是元代的草原重镇，可惜已湮没在历史中。

　　达里诺尔保护区也是国家水利风景区、环保科普基地和4A级景区，同时具有湖泊、湿地、草原、沙地和林地等多种生境类型，在为野生动物提供栖息场所的同时，更发挥了重要的生态服务功能。随着国家对生态保护工作的日益重视，对于达里诺尔保护区而言，机遇与困难并存。在保护第一的前提下，通过适度开展生态旅游活动，妥善解决保护与社区发展的矛盾，逐步解决水资源缺乏、社区管理难度大、生态补偿机制缺失等问题，才能让这颗内蒙古高原上的明珠永远绽放出耀眼的光芒。

▼ 金长城遗址（金界壕）

荒漠植物的摇篮：
西鄂尔多斯

提起内蒙古自治区，包括我在内的很多人的第一印象都是北朝民歌《敕勒歌》中所描述的"天苍苍，野茫茫，风吹草低见牛羊"的壮阔景观。然而，现实中的内蒙古自治区东西跨度极大，地形地貌也十分多样，除了草原外，还有面积较大的荒漠和沙漠。2012 年夏季，为了开展《全国生态环境十年变化（2000—2010 年）遥感调查与评估》课题，我和同事来到位于鄂尔多斯市的西鄂尔多斯国家级自然保护区，进行了为期一周的实地调查。虽然没有见识到期待中的辽阔草原，但西鄂尔多斯保护区内神奇的荒漠生态系统和生长在这里的奇特荒漠植物让我学到了很多。

▼ 西鄂尔多斯保护区的荒漠地貌

保护区概况与威胁因素

　　历史上的内蒙古曾经水草肥美，牛羊成群，但随着全球气候变化的影响，降水逐渐减少，很多区域正在逐渐由典型草原向荒漠化草原演替。西鄂尔多斯保护区位于内蒙古鄂尔多斯市鄂托克旗与乌海市境内，紧邻我国著名的毛乌素沙地和库布其沙漠，是国内十分典型的荒漠区。为就地保护这里的自然荒漠生态系统以及独特、古老的濒危植物，国家于1995年建立西鄂尔多斯保护区，1997年经国务院批准晋升为国家级，总面积达471 989公顷，分为乌海片区与鄂托克旗片区两块。

　　保护区由于划建面积较大，与人类活动矛盾较为突出。加上周边居民放牧的骆驼（Camelus feru）和绵羊（Ovis aries）等牲畜不时进入保护区范围内，这些都给保护区脆弱的生态系统和珍稀濒危植物带来了一定程度的威胁，必须引起我们的高度重视。

▲ 周边居民放牧的骆驼

▲ 蒙西管理站

形态独特的荒漠植物

西鄂尔多斯地貌主要包括山地、丘陵、台地和冲积扇平原等，由于降水量极少，保护区内自然植被为典型的荒漠灌丛，植被覆盖率不高，有些区域甚至为大面积的裸露沙地。在实地考察中我们发现，在如此恶劣的生存环境中，居然生长了种类繁多的荒漠植物，完全出乎我们的意料。这些植物为适应极度干旱的环境，形态特征和生活习性发生了巨大的变化，使这片荒漠焕发出勃勃生机。

保护区最北面的核心区是主要保护对象四合木（*Tetraena mongolica*）的最主要分布地。四合木隶属于蒺藜科四合木属，是一种古老的孑遗植物，分布区域及其狭窄，是鄂尔多斯的特有品种，被誉为植物界的"大熊猫"。四合木植株为深绿色圆塔状灌丛，平均株高 30~60 厘米，根系粗壮，分枝极多，肉质小叶表面布满白色茸毛，既可以保存水分，又可以反射阳光。四合木生长缓慢，老枝条外包裹有一层红褐色的革质表皮，因此得名"红柴"；同时，由于它的枝条中还富含油性物质，一经点燃，可以分泌出油状物助燃，也被当地人称为"油柴"。在历史上，四合木一直是当地牧民最重要的燃料。四合木是西鄂尔多斯保护区荒漠生态系统中的优势种之一，在维系生态平衡、防风固沙、保持水土等方面具有重要的生态功能。

在保护区南部的乌海片区，我们看到了另一种古老孑遗植物——半日花（*Helianthemum songaricum*），它也是保护区的主要保护对象之一，隶属于半日花科，是亚洲中部荒漠的特有品种，分布范围小，数量也很少，被誉为"植物活化石"。据传说，半日花平时很不起眼，悄无声息，在一年中只绽放半日即凋谢，因此得名半日花。我们考察时正值半日花盛花期，能够在荒野中亲眼见到这种珍贵而稀少的古老植物开花，真是太幸运了。从远处看过去，一蓬蓬矮小的半日花黄灿灿的一片。半日花以紧密的小灌丛状生长在砾石中，高仅 10~15 厘米，多分枝，小叶呈革质，黄色的花朵生长在枝条顶端，相对于植株来说，花朵的尺寸很大，这在荒漠植物中是极其罕见的。半日花的生命力十分顽强，很好地适应了保护区干旱、多风沙的极端气候环境，不仅具有良好的生态功能，更是一种具有观赏价值的濒危植物。

除了四合木和半日花这两种大名鼎鼎的"镇区之宝"外，西鄂尔多斯保护区内还有很多漂亮而奇特的荒漠旱生植物。如沙冬青（*Ammopiptanthus mongolicus*），是一种常绿强旱生植物，也是古老的第三纪残遗种，是中国北方干旱半荒漠地区唯一的旱生常绿阔叶灌木，高 1~2 米。为保存体内宝贵的水分，沙冬青叶片表面长有一层细密的柔毛，在阳光的照射下，叶片呈现一种诡异的蓝青色光泽，很有特色。需要特别提醒的是，你可千万别被沙冬青名字里的"冬青"二字所迷惑，其实它和冬青科植物一点亲缘关系都没有，当我们看到沙冬青豆荚一般的果实时，才豁然发现，它其实是豆科大家庭的成员。

荒漠植物不仅形态特征有别于其他植物，有些连名字都十分霸气，比如霸王（*Sarcozygium xanthoxylon*）和蝎虎霸王（*Zygophyllum mucronatum*）。其中霸王是蒺藜科霸王属的一种落叶小灌木，肉质叶片退化为小枝状，球形的蒴果带着宽翅，挂满枝头，是典型的沙生灌木，抗风沙，耐干旱，适应性极强。而蝎虎霸王别名"念念"，虽然和霸王是亲戚，却是一种矮小的小草本植物，是我国特有种，整个植株肉质多汁，是骆驼

▲ 四合木植株

▲ 四合木叶片和果实

▲ 半日花

▲ 沙冬青

和绵羊的可口美食。由于荒漠地区干旱少雨，很多植物个体都非常矮小，和生长于其他地区的近亲相比，是典型的袖珍版。如十字花科的燥原荠（*Alyssum canescens*），叶片小而窄，整个植株纤细苗条，迎风摇摆着身体，顶端盛开着小白花。而银灰旋花（*Convolvulus ammannii*）高不到 10 厘米，匍匐在沙地上，顶端较大的喇叭形花朵长在细弱的枝条上，仿佛一个个戴上了巨大宽檐帽的侠客。

我在考察中还看到了绵刺（*Potaninia mongolica*），这是一种很奇特的古老孑遗植物，隶属于蔷薇科。与一般蔷薇科植物都有 5 枚花瓣不同，绵刺只有 3 枚花瓣，叶片很小，并且具有坚硬而呈刺状的老叶柄，因此而得名。绵刺对干旱和盐碱环境的适应能力超强，在极度干旱情况下生长停止，甚至

▲ 霸王

▲ 蝎虎霸王

▲ 燥原荠

▲ 银灰旋花

可以出现假死状态以休眠，直到遇到降水再开花结实。保护区内还生长了很多红砂（*Reaumuria soongarica*），它是柽柳科的一种超旱生的小灌木，生长非常缓慢，叶片呈肉质、短圆柱形，是我国干旱荒漠区分布最广的植物之一，在保护区内也有广泛分布。红砂是良好的固沙植物，是保护干旱荒漠化土地的重要生物屏障。

▲ 绵刺

▲ 红砂

展望

展望未来，要想保护好西鄂尔多斯这种以荒漠生态系统和珍稀植物为保护对象的保护区，首先要加强保护荒漠生态系统的宣传教育；其次是要妥善处理好保护与发展的关系。随着地方对保护区工作的日益重视，比如生态环境部门加强对涉及保护区建设项目的全过程监管，林草主管部门加强生态环境治理恢复、社区宣传教育等工作，这片荒漠植物的摇篮才能得到良好的就地保护，并传承于子孙后代，实现永续发展。

万里黄河第一弯：
黄河首曲

    2016 年 9 月，我来到甘肃省甘南藏族自治州玛曲县，对黄河首曲国家级自然保护区进行了一次管理评估。黄河首曲保护区位于甘肃、青海和四川三省交界处，路途遥远、位置偏僻，来一趟十分不易。2013 年这里经国务院批准晋升为国家级自然保护区，总面积 20.34 万公顷，区内保存了大面积原始而完整的泥炭沼泽湿地和草甸，是黄河上游重要的蓄水池和补给区，具有十分重要的生态保护价值。评估期间短暂的实地考察，我有幸亲眼目睹了这里独特的地形地貌、良好的生态环境和丰富的野生动植物。

▼ 黄河首曲保护区

黄河的首次大拐弯

　　我们的母亲河黄河发源于青海三江源，离开青海省后，它很快就进入到甘肃的玛曲草原，这里地势平坦，海拔在3 300米到4 800米之间。黄河河道蜿蜒曲折，在这里形成了黄河九曲之中的第一个大拐弯，黄河首曲的名称也因此而来。源源不断的黄河水滋养了这片富饶的草地，形成了典型的青藏高原东端高寒湿地，造就了秀美绝伦的"天下黄河九曲十八弯"的美丽景观，玛曲草原也被誉为全世界最大最美的湿地草原之一。

　　9月的玛曲草原虽然已经进入秋季，但草地上仍然生机勃勃，充足的水源补给让玛曲草原上的植物生长得格外茂盛，如同铺上了一层厚厚的地毯。站在高处，能看到一条条支流

▼ 黄河首曲保护区的自然地貌

如同蜿蜒的长蛇，游走于辽阔的草原上，散布在其间的一颗颗黑点是正在吃草的牦牛。在一些地势低洼的区域，则形成了很多带有积水的沼泽湿地。玛曲黄河桥修建于1979年，是黄河上游的第一座黄河大桥，拥有"天下黄河第一桥"的美称。黄河首曲保护区面积很大，因停留时间有限，我们以乘车为主，走马观花，只涉足很小的一片区域。透过车窗远望保护区的自然地貌，绵延不绝的绿色草原令人震撼。

▲ 草原上蜿蜒的河道

▲ 天然沼泽湿地

黄河源头的可爱物种

黄河首曲保护区优越的自然环境孕育了极其丰富而独具特点的野生动植物。尽管我们来到保护区的时间已经错过了玛曲草原植物最繁盛的季节，但仍拍到了不少正在开放的美丽花儿，主要以菊科和龙胆科的为主。成片的褐毛垂头菊（*Cremanthodium brunneopilosum*）是菊科垂头菊属的成员，黄色的花朵下垂，因总苞片上长有褐色柔毛而得名。白色的川甘火绒草（*Leontopodium chuii*）数量也很多，浑身都长有厚厚的茸毛，用来抵御高原上的寒冷。我还首次拍到了星状雪兔子（*Saussurea stella*），这种风毛菊属植物外形十分奇特，没有地上茎，整个植株呈莲座状，紫红色的叶片呈星状排列，就像一只紫海星一样趴在地面上，十分醒目，花朵盛开在植株正中央。同一个属的横断山风毛菊（*S. superba*）数量不少，每株植物只生长一个巨大的头状花序。葵花大蓟（*Cirsium souliei*）也是一种莲座状的菊科植物，属于蓟属，没有主茎，叶片长有尖刺，很多头状花序聚集生长在叶片中央，因此又被叫作聚头蓟。还有一些正在盛开小黄花的多花亚菊（*Ajania myriantha*）。

在高原草地上，蓝色花朵数量特别多。其中毛茛科的疏花翠雀花（*Delphinium sparsiflorum*）个头高挑，颜色鲜艳，在草丛中十分吸引眼球；因与同属的其他翠雀花相比，花序上花朵较为稀疏而得名。9月的玛曲草原是龙胆科植物的天堂，它们不仅花期长，而且花形美观，颜色大多为少见的蓝色。我

▲ 褐毛垂头菊

▲ 川甘火绒草

▲ 星状雪兔子

▲ 多花亚菊

们拍到了很多形态各异的龙胆科植物，最漂亮的当属蓝玉簪龙胆（*Gentiana veitchiorum*），听到这个名字就觉得很美，它拥有硕大的梦幻般的蓝色花朵，如同蓝色的玉簪。同属的提宗龙胆（*G. stipitata* subsp. *tizuensis*）花朵也挺大，白色花冠内有紫色斑点。

麻花艽（*G. straminea*）在分类上属于龙胆属，植株个头和花朵都很大。喉毛花属的长梗喉毛花（*Comastoma pedunculatum*）长有细长的花梗，亭亭玉立在草丛中，这个属的植物因为花朵咽喉部位长有毛状结构，所以被统称为喉毛花属。我们还发现了一株黑边假龙胆（*Gentianella azurea*），属于假龙胆属，较为罕见。更多的是肋柱花属，共拍到了3种，分别是肋柱花（*Lomatogonium carinthiacum*）、合萼肋柱花（*L.*

▲ 疏花翠雀花

▲ 蓝玉簪龙胆

▲ 麻花艽

▲ 长梗喉毛花

▲ 肋柱花

gamosepalum）和美丽肋柱花（*L. bellum*）。

　　在考察中，我们还见到了几种可爱的小动物。数量最多、最为常见的当属喜马拉雅旱獭，别名土拨鼠。经过一个夏季的胡吃海喝，秋季的旱獭个个膘肥体壮，吃得圆滚滚的。它们通常以蹲坐的方式警惕地望着远方，提防天敌的偷袭，当我们的车辆靠近时，它们迅速钻入洞中。另一种是体形小巧的黑唇鼠兔（*Ochotona curzoniae*），体形比老鼠略大，比兔子略小，生性胆怯。大多数时候，它都是从洞穴中小心地探出头来，观察外界动静，稍有风吹草动就钻进洞穴，直到确认没有危险才出来搬运粮草，储存在洞穴内准备过冬。出人意料的是，在海拔 3 000 多米的草地上，我们还发现了一只高原林蛙（*Rana kukunoris*），它们居然能适应如此寒冷的高原气候。

▲ 黑唇鼠兔

▲ 高原林蛙

面临的威胁与挑战

短暂的管理评估工作结束了，通过走访调查，我们对黄河首曲的生态环境、管理现状、制约性因素等都有了直观的感受，在感叹保护区自然环境优越的同时，也对当前发展中存在的问题进行了初步分析与思考。

由于地处偏远的玛曲县，保护区当时只能租借县畜牧林业局的5间办公室进行办公，缺乏足够的专业技术人才及专门的管护队伍。同时，保护区内当地居民众多，社区管理难度很大。由于划建时面积很大，曼日玛乡等很多乡镇、村庄都被划入自然保护区内。随着旅游活动的开展，保护区内不断新建道路、帐篷等旅游设施；我们在考察中还看到，在距保护区核心区标牌不远处就有一处正在施工的工地，这些都对保护区造成了一定的威胁。最后，保护区内的生态退化现象也不容忽视。玛曲草原是我国重要的水源涵养区，由于降水减少，保护区内的一些湿地正在萎缩。同时，在考察中伴随我们左右的旱獭和黑唇鼠兔由于缺乏天敌大量繁殖，对草皮造成了破坏，这也是草原退化的一个重要原因。

生机勃勃的绿洲：
柴达木梭梭林

　　2016 年 9 月，我们来到柴达木梭梭林国家级自然保护区开展管理评估。这个保护区位于青海省海西蒙古族藏族自治州德令哈市、乌兰县和都兰县境内，由德令哈、乌兰和都兰三大保护分区组成，总面积达到 373 391 公顷。保护区始建于 2000 年，由青海省人民政府批准建立，2013 年晋升为国家级。保护区属荒漠生态系统类型，主要保护以梭梭林为代表的荒漠生态系统及荒漠野生动植物。两天的时间，我实地考察了尕海、灶火和诺木洪等保护站点，见识了这片生机勃勃的荒漠绿洲。

▼ 柴达木梭梭林保护区典型的荒漠景观

荒漠植物的代表——梭梭

很多没有来过荒漠地区的人都会认为荒漠是生命的禁区，那里只有风沙和戈壁。只有亲自过来看一看，你才会发现，荒漠地区也拥有丰富的生物多样性，你能看到一大批专门适应荒漠生境特点的神奇植物。柴达木梭梭林保护区因为主要保护以梭梭（*Haloxylon ammodendron*）为代表的荒漠植物群落而得名。驱车进入保护区深处，置身于戈壁荒漠之中，星星点点的梭梭灌丛成为荒漠中珍贵的绿色来源，也是荒漠中的生命之源。

在植物分类上，梭梭隶属于苋科梭梭属，是一种长在荒漠中的固沙植物，也是保护区内数量最多、优势度最大的植物种类。植株高度为 1 ~ 3 米，树皮呈灰白色，叶片特化为鳞片状，枝条膨大呈肉质，富含叶绿素。幼年的梭梭枝条看

▼ 梭梭林荒漠景观

▲ 梭梭植株

▲ 梭梭果实

起来一节一节的，十分可爱。我们来的时候正是梭梭开花结果的季节，花着生于两年生枝条的侧生短枝上，花落后长出大量带有"翅膀"的黄褐色胞果。梭梭生长缓慢，但也可以长得很大，几十年树龄的梭梭会拥有一个很粗壮的主干，以及深深的根系，扎根在荒漠中吸取地下水。梭梭的木质坚硬，含水量少，燃烧火力旺，不仅是荒漠区优质的防风固沙植物，而且是很好的薪材。梭梭最大的特性是能够适应极端干旱的环境，在生态极度脆弱的柴达木盆地里是维系生态系统稳定的关键物种，具有极其重要的生态保护价值。

形态奇特的荒漠植物

荒漠中虽然环境严酷，却生机勃勃，细心观察，你能在荒漠中发现种类繁多的野生植物类群。

◀ 梭梭幼苗

在评估过程中，我们实地拍到了很多美丽而独特的荒漠植物。例如，柽柳科的多花柽柳（*Tamarix hohenackeri*）是一种北方荒漠地区的特有植物，具有重要的生态功能。在一些低洼处，还能看到一种高大的禾本科植物芨芨草（*Achnatherum splendens*），它的分布范围十分广泛，从内蒙古草原一直到荒漠都能见到。

▲ 多样的荒漠植物群落

▲ 芨芨草

▼ 多花柽柳

9月初在青海已是深秋,我们已经错过柴达木梭梭林保护区最美丽的季节,多数荒漠植物都过了花期,但仍然能看到少数花朵在盛开,给枯燥的荒漠增添了鲜艳的色彩。白花丹科的黄花补血草(*Limonium aureum*)就是一种花期很长的植物,这种植物叶片特化为小枝状,开花时大量的橙黄色小花长满枝端,在荒漠中特别醒目。令人感到神奇的是,黄花补血草的花瓣呈蜡质,干燥后仍然能长时间保持原来的形状和颜色,是天然的干花材料,享有"干枝梅"的美称。菊科植物作为被子植物中种类最多、分布最广的类群,荒漠中当然少不了。我们在考察中共发现了4种菊科植物,其中两种正在开花,都是荒漠地区的超旱生植物:一种是中亚紫菀木(*Asterothamnus centraliasiaticus*),这是一种喜生于疏松的砂砾质冲积和洪积土壤上的半灌木,白色的头状花序簇生在枝顶;另一种是星毛短舌菊(*Brachanthemum pulvinatum*),是我国特有植物,由于灰绿色的叶片上长满了星状茸毛,黄色的舌状花较短,因此得名。两种没有开花的都是蒿属植物,分别是常见的沙蒿(*Artemisia desertorum*)和冷蒿(*A. frigida*)。

在考察中我们发现,柴达木梭梭林保护区内的荒漠植物主要以苋科为主,但不同种类之间外形差别很大。例如沙地

▲ 黄花补血草

▲ 中亚紫菀木

▲ 星毛短舌菊

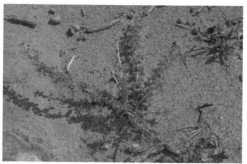

▲ 冷蒿

生境中最常见的沙蓬（*Agriophyllum squarrosum*），匍匐生长在沙丘上，叶片扁平，尖端呈刺状，是流沙上的先锋植物。而同科的白茎盐生草（*Halogeton arachnoideus*）则浑身碧绿，肉乎乎的，晶莹剔透，绿色的肉质叶片着生在灰白色的直立茎上，如同翡翠艺术品一样。伴生的盐爪爪（*Kalidium foliatum*）和细枝盐爪爪（*K. gracile*），这两种耐盐碱的肉质苋科植物为了节省宝贵的水分，叶片都退化消失，只留下肥厚的肉质茎，摘一段嫩枝放入口中，咀嚼一下，满嘴都是浓浓的盐味，这也是"盐爪爪"这个名字的由来。我们还看到了3种猪毛菜属植物，分别是矮小的柴达木猪毛菜（*Salsola zaidamica*），以及小灌木状的木本猪毛菜（*S. arbuscula*）和蒿叶猪毛菜（*S. abrotanoides*）。柴达木猪毛菜最初的模式标本就采集于柴达木盆地，因此得名。木本猪毛菜和蒿叶猪毛菜外形很像，都长着特化为半圆柱形的肉质叶片，是保护区的优势植物群落之一。除此之外，还有两种毛乎乎的苋科植物，分别是枝条上长有类似骆驼绒毛的驼绒藜（*Krascheninnikovia ceratoides*），以及整个植株都长着厚厚的白色茸毛、仿佛被雾气笼罩一般的雾冰藜（*Grubovia dasyphylla*）。

▲ 沙蓬

▲ 白茎盐生草

▲ 盐爪爪

▲ 蒿叶猪毛菜

荒漠中的资源宝库

柴达木梭梭林保护区不仅是一个天然的荒漠植物园，更是一个珍贵的荒漠资源宝库。在考察中，我们看到了很多珍贵的资源植物，有些是重要的野果资源，有些则是名贵的中药材。在野生可食植物方面，很多人都知道宁夏的中宁枸杞，其实，柴达木盆地也是我国枸杞（*Lycium chinense*）的重要产地，独特的荒漠生境非常适宜枸杞的生长，生产的枸杞品质非常好。我们来的时候正赶上枸杞成熟的季节。保护区实验区和周边有一些枸杞种植园，红彤彤的鲜果挂满枝头，如同一颗颗红宝石，鲜食起来非常甜。除了红色的枸杞外，保护区内还有一种名气很大的荒漠植物，数量很多，最近几年在市场上作为保健食品炒作得很厉害，这就是黑果枸杞（*L. ruthenicum*），虽然是枸杞的亲戚，长相差别却很大。黑色的小果实，如同一颗颗黑珍珠，挂满枝头。新鲜的黑果枸杞可以直接食用，富含抗氧化的花青素，味道很甜。

荒漠中除了黑果枸杞外，还有好几种甜美可口的野生水果。我们共拍到了三种白刺属的成熟果实，第一种是果实最大的大白刺（*Nitraria roborowskii*），其个头很大，成熟后呈深红色，仔细看会发现果皮上带有一层细细的小柔毛，味道很甜，有着"沙漠樱桃"的美称，光听到这个名字就让人流口水了。不仅人可以吃，更是荒漠动物的食物，具有很大的开发利用潜力。第二种是白刺属的属长白刺（*N. tangutorum*），果实比大白刺稍微小一些，成熟后颜色呈鲜艳的红色，味道略酸。第三种是帕米尔白刺（*N. pamirica*），大小和白刺差不多，但成熟后颜色很深，几乎呈黑色，味道也很甜。正在盛开紫色花的蒙古韭（*Allium mongolicum*）是荒漠地区特有的美味蔬菜，又名沙葱，不仅牛羊和野生动物爱吃，也可以用来炒鸡蛋，味道很好。

在保护区内丰富的资源植物中，还有很多药用植物，例如膜果麻黄（*Ephedra przewalskii*）。这是隶属于麻黄科的一种超旱生裸子植物，因为雌球花成熟时苞片增大呈干燥半透明的薄膜状而得名，又因为小枝条顶端常因虫害而变得像蛇一样卷曲，又被当地人称为蛇麻黄。膜果麻黄因为富含生物碱，是一种很好的中药材原料。除了膜果麻黄之外，保护区内最有名的药用植物当属肉苁蓉（*Cistanche deserticola*）了。肉苁蓉别名疆芸、苁蓉，是列当科的一种寄生植物，通常寄生在梭梭的根部，从寄主梭梭体内吸取养分及水分，开花时才从沙土中钻出来，开出大量漂亮的花朵。由于药用部分主要为埋在沙土中的肉质茎，具有滋补强壮和壮阳的药用功效，因此获得了"沙漠人参"的别称。柴达木梭梭林保护区以梭梭林为主要保护对象，因此也是肉苁蓉最主要的产地之一。

▲ 枸杞

▲ 黑果枸杞

▲ 帕米尔白刺

▲ 蒙古韭

▲ 膜果麻黄

　　柴达木梭梭林保护区虽然荒漠植物种类很多，但植被覆盖度很低，在保护区内生活的野生动物种类和数量与森林类型自然保护区相比要少很多。在考察过程中，我们看到的野生动物多数是一些小家伙，常见的主要有几种蝗虫，以荒漠植物为食。还有以蝗虫为食的青海沙蜥（*Phrynocephalus vlangalii*），其在沙地上行动迅速。这种体形和壁虎差不多大的小型蜥蜴，体表的颜色与生活的砾石荒漠几乎一模一样，如果它静止不动，凭我们的肉眼很难发现，真是自然界的伪装大师。在大型兽类方面，我们只看到了一只鹅喉羚（*Gazella subgutturosa*），这是一种胆子很小的羚羊，是典型的荒漠、半荒漠区域动物，体形似黄羊；因雄羚在发情期喉部肥大，状如鹅喉，故得名"鹅喉羚"。它在距离很远的地方与我们对峙，当车辆稍有移动，立即掉头就跑。

▲ 鹅喉羚

▲ 青海沙蜥

威胁因素和保护措施

柴达木梭梭林保护区地广人稀，目前面临的主要威胁包括保护区内常住人口的放牧活动影响。保护区共涉及 6 个乡镇，2.5万多人，当地居民在区内放牧的骆驼、羊等牲畜会啃食破坏梭梭等荒漠植物。同时存在一定的挖肉苁蓉、黑果枸杞等资源植物的行为，对生态环境和植物资源造成影响。

保护区虽然晋升为国家级的时间不长，但开展了很多保护工作，包括建立了管理局—管理分局—管理站三级管理体系，制定了《海西州沙生区植物保护条例》《海西州野生枸杞保护条例》《海西州处置重特大森林火灾应急预案》等别具特色的地方性保护法规或政策材料，编制了保护区动植物野外识别手册，对那些管理人员进行专门培训，要求他们穿着专门的制服并佩戴护林证件开展巡护工作等，还在全国自然保护区中率先采用了自然保护区地理信息综合服务平台和智慧巡护系统，有效提高了巡护效率。

柴达木梭梭林保护区地处我国最为干旱贫瘠的荒漠地区，生态极为脆弱，保护好以梭梭林为代表的本土荒漠植物群落，对于青海省西部地区防风固沙、改变荒漠面貌和保护绿洲生态环境，乃至于构筑区域生态安全屏障，具有极其重要的意义。

神奇的哈密戈壁：
东天山

　　天山，一座充满了传奇和传说的高大山系。提到天山，金庸笔下的天山童姥、徐克电影中的侠客，还有那几乎被神化了的天山雪莲等形象不由从脑海中浮现出来。2015年8月，我因课题研究，有幸来到新疆维吾尔自治区哈密市和巴里坤县、伊吾县交界的天山东段区域，对东天山做了一次短暂的野外调查。从山脚下的葡萄园到荒漠戈壁，从胡杨林沟谷到北麓的森林草甸，不仅领略了东天山的真实面貌和独特的自然景观，也忠实记录了许多漂亮而神奇的荒漠植物，以及雄浑壮美的古代烽燧遗址。

▼ 东天山

环境迥异的东天山南北麓

天山山系位于欧亚大陆腹地，是一个东西走向、长度超过 2 000 千米的巨大山系，是世界七大山系之一，也是世界上距离海洋最远的山系和全球干旱地区最大的山系。天山山脉在新疆境内如同一条天然的分界线，将南边的塔里木盆地和北边的准噶尔盆地各自划入南北疆，最高峰托木尔峰海拔高达 7 400 多米。我们考察的东天山位于天山山脉的东端，作为哈密地区重要的水源涵养地，这里于 2005 年被划为哈密东天山生态功能保护区，进行严格的保护。

在考察中我们发现，东天山作为一道巨大的屏障，南北两侧的暖热空气流动受到阻隔，导致两边的自然景观和地貌有巨大的差别。靠近哈密的南麓区域属于阳坡，降水稀少，蒸发量大，除了少数拥有小溪的沟谷形成绿洲外，其他区域几乎是一片荒凉的戈壁荒漠，很多地方甚至寸草不生，有植被

▼ 东天山南麓的干旱地貌

的区域生长的也主要是一些旱生植物，覆盖度很低。但当我们沿着省道翻越东天山，来到北麓时，仿佛一下子进入了另外一个世界。北麓属于阴坡，独特的气候条件使这里降水量大大增加，植被生长茂盛，山坡上到处是茂密的针叶林，而山脚缓坡区域则是绿草茵茵的大草原，悠闲的马儿、白云团一样的羊群，让我们几乎不敢相信自己的眼睛。

在调查途中，我们突然发现，天山北麓的公路两旁有一种类似路灯的奇特装置，仔细看却不是路灯，而是红白相间的箭头，竖直向下，指明路沿位置。司机解释说冬季这里积雪多而厚，公路常被白雪覆盖，有了这个指示牌，开车时才不会冲出公路，可以有效减少事故。这让南方来的人大长见识。

▼ 东天山南麓（阳坡）

东天山北麓（阴坡）　　　　　　　　▲ 公路上的红白相间的箭头指示牌

美丽的自然景观

　　哈密段东天山虽然被关注得很少，但在考察中我们发现，这里的地貌景观特征多种多样，在很小的范围内，保存了多样的生态系统和景观类型。从南麓的荒漠生态系统，到山顶的冰川、旱生灌丛生态系统，再到北麓的针叶森林生态系统、草原草甸生态系统、湖泊湿地生态系统，还有少量的沙丘和沼泽分布其间，真是大美新疆，风景如画。

　　东天山山顶的冰川融水是这一区域最主要的补给水源，北麓（阴坡）的针叶森林也是重要的水源涵养区。调查发现，北麓的针叶森林主要由高大的落叶松（*Larix gmelinii*）和云杉（*Picea asperata*）组成，很多都是上百年的大树，直插云霄。随着海拔降低，慢慢进入森林草地交错带，草地和森林相间分布。在远离山脚的草原区域，还有一些规模不大的沙丘分布，四周都被草原所包围，成为独特的沙丘岛屿。距离公路不远处，有一处名为鸣沙山的沙丘岛，为了与甘肃敦煌的鸣沙山有所区别，且称之为"小鸣沙山"，目前它已经被巴里坤县开发为旅游景区。游客可以攀爬到100多米高的沙丘顶部，近处是山脊一样起伏连绵的沙丘顶，远处是一望无际的巴里坤草原。由于地下水丰富，在距离大沙丘不远处还形成了一个小型湖泊，植被生长得格外茂盛。

　　而在东天山南麓，也并非都是死气沉沉的荒漠。在考察中，我们来到了一条名为葫芦沟的美丽沟谷，东天山上的雪融化成水后汇聚成小溪流淌下来，在溪流两岸生长了一片旱柳（*Salix matsudana*）和胡杨（*Populus euphratica*）林，都是几百年的大树，郁郁葱葱，和周围荒凉的植被比起来，反差太大了。在时间的作用下，巨大的旱柳树长了一个圆球形的树冠，从空中看起来，荒凉的沟谷中仿佛被点缀了一颗颗大绿球。而号称"沙漠卫士"的胡杨由于根系发达，枝干形态万千，一些已经死去多年的胡杨树也依然屹立不倒，充满了沧桑感。

▲ 沙丘景观　　　　　　　　　　　　　▲ 湖泊湿地

▲ 南麓的胡杨林沟谷　　　　　　　　　▲ 古旱柳

多样的生物、古老的遗迹

东天山不仅自然景观优美、生态功能重要，还是一个天然的荒漠植物园。新疆素有"瓜果之乡"的美称，在解决了水源问题的前提下，干旱的土地还是十分肥沃的。戈壁沙地配合早晚巨大的温差，使得这里的瓜果含糖量非常高，特别甜。著名的哈密瓜就产于这里，葡萄（*Vitis vinifera*）也非常甜。我们调查的区域内就有一个葡萄园，虽然葡萄藤蔓看起来并不多，但果实累累，产量很高。正逢葡萄成熟季，诱人的无核白晶莹剔透，可以不用清洗直接入口。除了葡萄园外，还有很多杏树（*Armeniaca vulgaris*），鲜红的杏子肉多核小，酸甜可口。还有一种名叫沙枣（*Elaeagnus angustifolia*）的野果，数量也非常多。沙枣虽然名字叫"枣"，但和我们吃的鼠李科的红枣却没有亲缘关系。沙枣是胡颓子科的一种小乔木，成熟的果实形状像枣，但果肉呈沙粒状，吃起来面面的，如同干燥的面粉一样。

在考察中，有一种漂亮如红宝石的野果吸引了我们的目光，原来是麻黄科的中麻黄（*Ephedra intermedia*）。这是一种独特的裸子植物，通常生长在干旱的荒漠地区，当时正处于果期，绿色的小枝上生长了很多鲜红色的"小果"。从植物学

▲ 杏

▲ 沙枣

▲ 中麻黄

▲ 中麻黄的种子

角度来说，这些所谓的小果实际上是成熟的肉质雌球花，红色的肉质苞片膨大成饱满的球形，发出诱人的光泽。采一颗放入口中，黏黏的汁液非常甜，味道很不错。不过虽然口感很好，但几乎所有的麻黄科植物都含有麻黄碱，有小毒，因此不能多吃，浅尝辄止即可。

在考察中，我拍到了很多形态特征奇特的旱生植物。例如沙拐枣（*Calligonum mongolicum*）就是一种典型的荒漠植物，虽然其名字中带有"拐枣"二字，但和东部地区可以食用的拐枣没有任何关系，果实的外形也不像枣。沙拐枣作为蓼科的耐旱小灌木，为节约水分，叶片特化成短枝条状。还有一种名为刺旋花（*Convolvulus tragacanthoides*）的亚灌木，通常一提到旋花科，人们首先想到的是纤细缠绕的牵牛花，而这种浑身长满防御尖刺、叶片坚硬呈革质的亚灌木，如果没看到它盛开的花朵，我怎么也想不到它居然是旋花科的。另一种植物全身也长满了尖刺，白色小花的形状像兔子开裂的嘴唇，检索后才知道它叫毛节兔唇花（*Lagochilus lanatonodus*），是唇形科的一种小灌木。罂粟科的新疆海罂粟（*Glaucium squamigerum*），植株匍匐在地上，叶片肥厚多汁，正在盛开鲜艳的黄花。

其他旱生植物还有大片的花花柴（*Karelinia caspia*），这种叶片肉质肥厚的菊科高大草本植物在沟谷区域数量较多，

▲ 沙拐枣   ▲ 刺旋花

▲ 毛节兔唇花   ▲ 新疆海罂粟

▲ 刺藜   ▲ 莲座蓟

开花时花朵密集枝顶，"花花柴"名副其实。在沟谷砾石地面上，能看到一种名叫刺藜（*Dysphania aristata*）的小草本植物，这次可不要被名字误导了，刺藜并非植株长有刺，而是聚伞花序的末端呈分枝针刺状。在草地上还能见到形态奇特的莲座蓟（*Cirsium esculentum*），这种植物没有地上茎，整个植株呈莲座状，贴在地面上。

除了形态各异的植物外，我在考察中也见到了一些可爱的小动物。东天山北麓区域水草丰美，附近大型猛禽的数量非常多，不时能看到在天空中翱翔的雄鹰，用相机拉近抢拍几张，放大后才能看清是普通鵟（*Buteo japonicus*）。溪水边也是鸟儿活动最密集的区域，常见的有灰颈鹀（*Emberiza buchanani*），一种麻雀大小的小鸟。在考察结束后返回哈密的途中，我们远远地发现了一座类似长城烽火台的古建筑，在平坦的戈壁滩上十分醒目。走近一看，这是一座名叫边关墩的古代烽燧。烽燧在古代新疆这种地域辽阔的地方可是发挥了大作用的，当时没有电话、电报等快捷通信手段，只有通过数量众多的烽燧才能最快地将消息传递出去。随着岁月的流逝，多数烽

▼ 灰颈鹀

燧已被破坏，消失在历史长河中。边关墩烽燧总体上保存得非常不错，残存高度有十多米，整个燧体使用泥土掺合木条堆砌而成，十分坚固。

几天的实地考察，让我们对哈密段东天山区域的生态环境现状有了一个直观的了解。这里虽然自然条件恶劣，却保存了类型多样的地貌，以及复杂多样的自然生态系统，对于维持该区域的生态平衡具有极其重要的作用。目前新疆维吾尔自治区为了进一步保护好这里的生态环境，正在对哈密东天山生态功能保护区进行拆分，细化为森林生态系统类型的新疆东天山自然保护区和湿地生态系统类型的新疆巴里坤湿地自然保护区。通过本文，希望让更多的人了解东天山，让东天山得到更好的保护，发挥更强的生态服务功能。

▼ 边关墩古代烽燧遗址

第三章

优美山川与茂密丛林

百花山上百花开：
百花山

　　说起北京，我们脑海中的第一印象是伟大的首都，政治中心、文化中心、国际交流中心和科技创新中心，历史悠久、古迹众多，人口密集、交通拥堵等等。其实，除了这些之外，北京在远离主城区的郊县，还拥有大面积的荒野地。截至2018年底，北京市建立的自然保护区达到20个之多，其中包括百花山和松山2个国家级保护区、12个省级保护区和6个县级保护区，总面积约13.4万公顷，约占全市总面积的8.2%。这些自然保护区很好地保存了北京地区最为原始的生态系统和珍稀濒危野生动植物，更是北京市重要的生态屏障和保护伞，默默发挥着极其重要的生态服务功能。在北京的自然保护区中，给我印象最深的是夏季山顶百花齐放的百花山。2010

▼ 百花山

年 8 月和 2012 年 6 月，我曾两次来到百花山保护区进行短暂的调研与考察，当时正处于盛夏季节，山顶区域那保存完好、壮观的百花草甸真的是百花齐放，让人目不暇接。

地处首都的国家级保护区

百花山自然保护区位于北京市门头沟区，距离市中心约 120 千米，与河北省保定市涞水县交界。保护区始建于 1985 年，由北京市人民政府批准建立，2008 年经国务院批准晋升为国家级自然保护区。总面积 21 743.1 公顷，主要保护暖温带华北石质山地次生落叶阔叶林生态系统及褐马鸡（*Crossoptilon mantchuricum*）等珍稀濒危动植物。据研究，百花山保护区还是国家一级重点保护动物褐马鸡在我国分布的最东端和最北端，是开展褐马鸡研究的重要基地。

保护区入口位置很高，海拔接近 1 200 米，从这里进入保护区后，可以沿着简易登山道向主峰前进，沿途山地植被垂直分布特点十分明显，先是成片的油松林、栎类林，随着海拔

▼ 山顶的百花草甸

升高，逐渐演替成山杨林和桦树林，接近山顶区域又是以云杉、华北落叶松和桦树为主的混交林，最后来到平坦的山顶，展现在眼前的是壮观的大面积亚高山草甸。百花山主峰为北京第三高峰，气候属于中纬度温带大陆性季风气候，由于垂直高差大，具有明显的区域小气候特点，昼夜温差大，降水量较多，因此也孕育了良好的森林植被。

近年来，保护区先后开展了上山路生态保护工程、百花草甸生态保护恢复工程、道路两侧生态环境治理工程等资源保护项目。在山顶较脆弱的高山草甸周边修建了木栈道，尽可能减少人为活动对保护区内自然生态和动植物资源的干扰和影响；还布设了红外触发相机等动植物监测和森林防火监测设备，安装了远程实时监测系统，通过远程监控探头，保护区管理机构可以全方位监控山顶的百花草甸，在监控室屏幕上调整变焦倍数，甚至连木栈道上游客的细微活动都看得非常清楚。这些新的手段和措施大大提升了保护区的管护能力。

▼ 山顶的百花草甸

百花盛开的空中花园

百花山最具特色的就是山顶的百花草甸，保护区也因此而得名。虽然名为百花，仔细统计一下就会发现，保护区实际开花的植物种类远远超过百种。百花山这种集中在夏季开花的亚高山草甸，过去在华北地区海拔2 000米左右的区域是很常见的，也是典型的地带性植被类型。后来随着生态环境被破坏，百花草甸逐渐萎缩，现在只能在自然保护区或少数森林公园中才能见到。

盛夏时节来到山顶，仿佛置身于花的海洋中。和红松洼保护区一样，这里的百花草甸也属于暖温带的五花草甸，在植物分类体系中，通常指的是外貌华丽的杂类草草甸，尤其以亚高山杂类草草甸最为典型，百花山的草甸就是华北地区亚高山杂类草草甸的典型代表。植物种类十分丰富，花期集中，数以百计的各色花草集中在短短的6～8月间盛开，颜色主要由白色、黄色、蓝色、红色和紫色5种色调组成。据初步统计，百花山上组成白色调的植物种类主要有拳参（*Polygonum bistorta*）、瓣蕊唐松草（*Thalictrum petaloideum*）、高山蓍（*Achillea alpina*）、火绒草（*Leontopodium leontopodioides*）、茖葱（*Allium victorialis*）等。

▲ 瓣蕊唐松草

白色调植物中，要数蓼科的拳参数量最多，一个个麦穗状的白色花序从杂草中探出头来，非常醒目，拳参的名字来源于其膨大而呈拳头状的根部，可以入药，有清热解毒的功效。除拳参外，瓣蕊唐松草数量也很多，这种植物因白色的雄蕊特化膨大成花瓣而得名。草丛中的高山蓍长着篦齿状的叶片，白色的小花密集地长在植株顶端。还有那名字带有"葱"字，外形却一点不像葱的茖葱，都是百花山上白色调的重要组成部分。

在黄色调植物中，数量最多的是忍冬科败酱属的败酱（*Patrinia scabiosifolia*），这个属的植

▲ 高山蓍

▲ 苔葱

▲ 败酱

▲ 珠果黄堇

物都有一个共同的让人闻之不忘的特征。《吴普本草》记载"败酱，……其臭如败豆酱"，摘一段败酱的枝叶或花朵，揉碎后，浓郁的腐败气味久久不能散去。黑柴胡的数量也不少，长着黄绿色的伞形花序，不仔细看还发现不了，在百花丛中颜值虽然不高，但它的根却是治疗感冒发热的良药。在草甸中还能看到高大的蹄叶橐吾（*Ligularia fischeri*）和牛扁（*Aconitum barbatum* var. *puberulum*），这两种开黄花的大个子叶片都生长在基部，高高的花序鹤立于低矮的草地上。还有那可爱的珠果黄堇（*Corydalis speciosa*），黄色的小花凋谢后，长出细长念珠形状的蒴果，就像一串佛珠。

红色调中最多的是地榆，这是蔷薇科的一种高大草本植物，分布范围很广，从南到北都能见到它的身影，也是五花草甸的重要组成部分。椭圆形的小花序长在花枝顶端，凋谢后整个花序的颜色依旧，适合制作干花。藜芦科的藜芦（*Veratrum nigrum*）植株也很高大，由于有毒性，草食动物也不吃，密集的小花刚开放时呈红色，接着颜色逐渐变深。在草地上还能见到很多瞿麦，虽然名字带有"麦"字，却和禾本科的麦类没有亲缘关系，瞿麦是石竹科的草本植物，是大名鼎鼎的康乃馨的直系亲属，盛开的花瓣呈碎裂的丝状，特色鲜明。偶尔还能见到牻牛儿苗科的草甸老鹳草（*Geranium pratense*），以及列当科的返顾马先蒿（*Pedicularis resupinata*）和穗花马先蒿（*P. spicata*）等。

蓝紫色调中最多的是翠雀和华北蓝盆花，是五花草甸中的蓝色调的主体。仔细看，草甸中还点缀有很多蓝色的刺球，是菊科的蓝刺头。桔梗科的展枝沙参（*Adenophora divaricata*）蓝色的花朵就像一个个倒挂的小铃铛。紫色调中最多的是紫苞风毛菊（*Saussurea iodostegia*），这是一种在低海拔区域难得一见的植物，为了抵御山顶的寒风，全身长有白色长茸毛，花序外面长着紫色的苞片，又被称为"紫苞雪莲"。其他紫色花植物还有毛茛科的华北楼斗菜（*Aquilegia yabeana*）和唇形科的并头黄芩（*Scutellaria scordifolia*）等等。

▲ 穗花马先蒿

▲ 瞿麦

▲ 展枝沙参

▲ 华北蓝盆花

▲ 华北耧斗菜

▲ 紫苞风毛菊

▲ 刺果茶藨子

▼ 鸡树条荚蒾

资源丰富的林间宝库

除山顶的百花草甸外，百花山保护区林下和林间同样植物种类丰富，是珍贵的植物宝库。从保护区入口开始登山，沿途要穿越茂密的油松林、山杨林、桦树林等，和五花草甸不同的是，林间植物开花的并不多，却果实累累。例如忍冬科的金银忍冬（*Lonicera maackii*）和山茱萸科的灯台树（*Cornus controversa*），都是花刚凋谢不久，长满了幼嫩的小果。还有尚未成熟的榛子（*Corylus heterophylla*），可以食用的干果榛子就包裹在筒状的果苞里。果实上布满尖刺，如同小水雷一样的刺果茶藨子（*Ribes burejense*）虽然吓人，一副拒人于千里之外的模样，但实际上成熟后味道酸甜，可以制作果汁和果酒食用。除了形态各异的野果之外，林下也有一些正在开花的植物。如绣球花科的小花溲疏（*Deutzia parviflora*）和五福花科的鸡树条荚蒾（*Viburnum opulus* subp. *calvescens*），白色的花朵给阴暗的林下空间增加了一些亮色。

百花山保护区作为华北地区为数不多、保存最为完好的亚高山草甸之一，是首都的重要生态屏障，在保护生物多样性的同时，更在保持水土、涵养水源、净化空气、防风固沙等方面发挥了极其重要的生态服务功能。随着百花山保护区生态旅游活动的不断开展，越来越多的游客来到这里，在欣赏自然美景的同时，也系统地接受了环境教育。因此，保护好百花山这片珍贵的百花草甸具有重要的意义。

吕梁山脉的绿色屏障：
黑茶山

    2015 年 9 月中旬，因参加国家级自然保护区管理评估，我第一次来到黑茶山国家级自然保护区，进行了一次短暂的实地考察。黑茶山保护区位于山西省最为偏远的吕梁山区，在行政区划上属吕梁市兴县范围，涉及兴县的东会乡、固贤乡、交楼申乡及蔚汾镇 4 个乡镇，虽然名称中带有"黑茶"二字，其实并不产茶。保护区始建于 2002 年，由山西省人民政府批准建立，2012 年经国务院批准晋升为国家级，是山西省最年轻的国家级保护区之一，总面积 24 415 公顷，其中核心区

▼ 黑茶山

10 728 公顷，缓冲区 5 718 公顷，实验区 7 969 公顷。由于正好处在暖温带落叶阔叶林与温带草原交错区，黑茶山保护区内山高林密，是晋西北低山区生物多样性最为丰富的地区之一，也是褐马鸡、金钱豹、原麝等珍稀动物的理想家园和避难所，具有极其重要的保护价值。

建区时间短，各项管护设施尚在建设中

我们从太原出发，沿西北方向驱车 140 千米，2 个多小时后到达岚县。黑茶山保护区位于兴县境内，为何保护区管理机构要建在相邻的岚县呢？原来 1979 年成立的山西省黑茶山森林经营局，即现在的山西省黑茶山国有林管理局（黑茶山保护区的上级主管部门），驻地就在岚县。由于建立国家级保护区时间短，黑茶山保护区管理局直到 2013 年才成立，为了相

▼ 黑茶山主峰

▲ "四·八"烈士纪念馆

关工作的协调，保护区管理局办公地点也就设在了岚县县城。

在评估中我们看到，保护区在县城的管理局办公基地还正在选址阶段，即将建设，当时管理人员主要在位于兴县东会乡的中心管理站办公，6个一线管理站也正在建设中，其中段家湾管理站主体已经完工，开始进入内部装饰阶段。尽管基础薄弱，但黑茶山保护区边界、范围清晰，保护区管理局已经设置各种宣传标牌150余块，并与当地政府成立了"联防联护机构"，实行领导包片、干部包村、党员群众包山头、一线管护员驻站包片管护的管理模式。特别是在防火特险期都要到辖区各村庄召开"护林防火动员大会"，与每一户村民签订"防火协议"，基本实现了自然资源的有效日常管护。

保存完好的温带森林：褐马鸡的乐园

站在黑茶山保护区实验区的高地上，远处群山连绵，对比保护区内外的植被，能清晰地看到郁郁葱葱的黑茶山主峰及附近的植被更加茂密，而保护区外的植被覆盖率明显要低很多。山坡上油松、山杨、青杨、白桦、虎榛子灌丛、绣线菊灌丛和黄刺玫等生长良好，大面积保存完好的温带森林成为众多珍稀濒危野生动物的乐园。由于独特的地理区位和良好的生态环境，黑茶山保护区是我国国家一级重点保护野生动物——褐马鸡的中心分布区之一，也是山西省褐马鸡分布的最西端。保护区建立后，加强了对褐马鸡种群及栖息地的保护，种群数量恢复较快，经初步调查，目前保护区内褐马鸡数量已经达到 1 500 多只。

可惜我们来的时机不巧，由于尚未下雪，褐马鸡还躲藏在高海拔的山林中，我们也很遗憾没能在野外一睹其芳容，但从保护区利用固定架设的红外线触发相机在野外拍摄的照片上，终于看到了它那雍容华贵的倩影。在实地考察中，我们没看到褐马鸡，但却看到了它在冬季最重要的口粮。在黑茶山保护区低海拔灌丛区域，几乎随处可见果实累累的沙棘，长满金黄色或红色小果的沙棘是胡颓子科的一种灌木或小乔木，适应能力很强，耐贫瘠和干旱，在黄土高原上常长成 2~3 米的灌木，但在西藏和新疆的很多地方却可以长成巨大的乔木，成熟的果实不仅好看，更富含丰富的维生素 C 和糖分，种子富含油脂，并且可以长时间保留在植株上而不腐烂变质。在大雪封山的冬季，褐马鸡下山觅食，这些沙棘果可是褐马

▲ 褐马鸡

▲ 褐马鸡冬季食粮——红色的沙棘

鸡的最重要食物。我们也尝了尝这些诱人的沙棘果实，一股浓郁而清新的果酸味，十分提神，真不愧是"维 C 之王"。

丰富的温带植物多样性

在考察中，我们拍到了很多美丽的野生植物，充分感受到了黑茶山保护区丰富的温带植物多样性。时值深秋，开花的植物并不多，但高大的红蓼（*Polygonum orientale*）以及路旁随处可见的香青兰（*Dracocephalum moldavica*），都给秋季的黑茶山带来了鲜艳的色彩。红蓼是蓼科植物中的巨人，通常能长到 2～3 米高，植株粗壮，适应能力强，南北都有分布，尤其是花序众多，盛花期时仿佛一串串沉甸甸挂满枝头的麦穗，十分漂亮；香青兰是一种北方常见的小草本，花朵带有浓郁的香气。

秋季是收获的季节，各种野果自然是少不了的，除了鲜艳的沙棘外，多种色彩诱人的野果也让我们眼前一亮，如成熟的甘肃山楂（*Crataegus kansuensis*），作为野山楂家族的成员之一，虽然个头虽小，知名度也不高，但红色的小果充满诱惑。还有如同红宝石一般的葱皮忍冬（*Lonicera ferdinandii*）果实，球形的果实在阳光照射下显得晶莹剔透。圆溜溜的乌

▲ 红蓼　　　　　　　　　　　　　　　　　　　　　▲ 香青兰

▲ 甘肃山楂

▲ 葱皮忍冬

▲ 冻绿

▲ 小叶鼠李

头叶蛇葡萄（*Ampelopsis aconitifolia*）果实，以及长椭圆形并长有短柔毛的美蔷薇果实也是秀色可餐。除了养眼的红果外，两种鼠李科植物的小黑果也引起了我们的注意。包括这种名为冻绿（*Rhamnus utilis*）的植物，它的分布范围十分广泛，从南到北都能发现它的身影，因果实和叶片富含绿色色素，自古就被作为天然绿色染料使用，也因此获得了冻绿这个生动形象的名字。另一种名叫小叶鼠李（*R. parvifolia*），又叫黑格铃，可是一个适应环境能力极强的家伙，耐旱耐贫瘠，成熟的小黑果既能入药，也能作为野果食用，酸甜可口。

在评估中，我们还实地考察了保护区内发现的唯一一处青毛杨（*Populus shanxiensis*）的集中分布区，这种长得既像青杨又像毛白杨，被有些学者认为是二者杂交种的杨树树种，模式标本就采集于黑茶山保护区，目前发现仅分布在这里，十分珍贵。根据保护区工作人员调查统计，区内青毛杨共有 4 个种群，胸径在 10 厘米以上的个体总共只有 227 株，分布面积不到 2 000 平方米，呈斑块状群聚生长。由于数量稀少且分布狭窄，保护区已将这片区域划为青毛杨科研基地，进行重点保护与研究。

黑茶山保护区建区迟，起步晚，目前各项基础设施较为薄弱，这也可以转变成黑茶山保护区独特的优势。位置偏远，使得保护区得以远离开发，基本没有涉及保护区的开发建设项目。目前，只有少量当地居民以传统生活方式居住在保护区内，很多还住在相当原始的窑洞内，从事种植（小米等）和养殖（山羊）等生产生活活动，保护区也未开展相关旅游活动，只有极少数周边的群众在节假日自行来保护区内自驾游。

展望未来，在中央和地方高度重视自然保护区事业的背景下，黑茶山保护区可抓住机遇，以更高的要求和规范，科学而有序地建设好各项基础设施，并依托保护区实验区内的"四·八空难"烈士纪念馆红色教育基地、老区传统窑洞文化、黑茶山温带森林自然景观和褐马鸡科普教育等特有的旅游资源，将科普宣传、爱国主义教育、生态保护与旅游观光相结合，妥善处理好保护与发展的关系。逐步提高保护区的知名度与存在感，才能更好地保护好黑茶山这片美丽的土地和褐马鸡等珍稀濒危物种，让更多的人认识黑茶山，进而能够关心和保护黑茶山。

特大城市近郊的物种宝库：
宝华山

　　在距离南京城东不到 30 千米的地方，有一座不起眼的小山，名叫宝华山，据说因南朝高僧宝志曾在此讲经，因而得名。山中有一座千年古寺，在寺院的庇护下，宝华山的生态环境得到了很好的保护，成为华东地区一处十分珍贵的生物多样性富集之地。1981 年，经江苏省人民政府批准，建立了宝华山省级自然保护区，主要保护亚热带常绿落叶阔叶混交林生态系统及珍稀濒危野生动植物，保护区总面积仅有 133 公顷，

▼ 宝华山

宝华山也成为距离特大城市南京最近的森林生态系统类型的自然保护区。2017 年的 4 月至 10 月我曾 3 次来到宝华山，为珍稀植物生态保护红线的划定进行实地考察，虽然停留时间短暂，但宝华山的花花草草着实让我们感到震惊，给我们留下了深刻的印象。

神奇的镇山之宝

记得第一次来到宝华山的时间是早春 4 月，宝华山属于宁镇山脉，与南京栖霞山绵延相连，虽紧邻南京城，但在行政区划上却隶属于镇江句容市宝华镇管辖。我们从后山小路进山，刚进入森林，满眼都是新萌发的嫩绿色，一片郁郁葱葱。宝华山自然保护区面积虽小，但森林覆盖率高达 90% 以上，在人口密集的华东地区十分难得，也为很多种珍稀濒危野生植物提供了理想的栖息地。在生活在宝华山的众多珍稀植物中，有些种类的珍贵程度超乎我们的想象，简直就是宝华山的镇山之宝。

宝华玉兰（*Yulania zenii*）是仅产于宝华山的一种玉兰属植物，树干挺拔，花大如莲花，色彩艳丽，气味芳香，观赏价值极高。目前母树仅有 18 株，濒临灭绝，属于极小种群物种，也是国家二级重点保护植物，堪称镇山之宝之首，还是江苏省的"生物名片"。幸运的是，现在通过人工繁殖，已成功培育了大量的幼苗。另一个镇山之宝也是只有宝华山才有的濒危植物，名为宝华鹅耳枥（*Carpinus oblongifolia*），是桦木科鹅耳枥属小乔木，树皮呈棕灰色，小枝呈深紫色，野生植株数量极其稀少，属于极小种群物种。此外，在宝华山还有野生秤锤树（*Sinojackia xylocarpa*）分布，据资料记载这种濒危植物仅分布于南京及周边，隶属于安息香科，由于果实形状酷似过去常用的杆秤秤砣而得名。在野生动物方面，宝华山是国家二级保护动物中华虎凤蝶（*Luehdorfia chinensis*）的重要栖息地，中华虎凤蝶因翅膀上有类似老虎斑纹的图案而得名，数量极其稀少而被称为昆虫界的国宝，遗憾的是我们未能见到实体，但却拍到了中华虎凤蝶幼虫最爱吃的植物——杜衡（*Asarum forbesii*），这种马兜铃科的草本植物长着深绿色的心形叶片，表面有白色云斑，盛开奇特的花朵，杜衡的花朵通常隐藏在叶柄基部，不拨开叶片是看不到花朵的，花梗很短，钟形的花冠几乎是摆放在地面上的，主要通过散发气味吸引在地面上活动的昆虫来传粉。

▲ 宝华鹅耳枥（摄影：陆耕宇）

▲ 称锤树

▲ 杜衡叶片

▲ 中华虎凤蝶（摄影：诸立新）

林中精灵独花兰

宝华山中有一种奇特的兰花，每年春季都会让众多的观花爱好者纷至沓来。这种兰花就是有着"一花一叶一植株"之称的独花兰（*Changnienia amoena*），为我国特有的多年生兰科植物，每株只长一枚宽卵形的叶片，叶背面为深紫色。早春时分会开出一朵硕大的花朵，呈白色而带有淡紫色晕，唇瓣具有明显的紫红色斑点，由于仅有一朵花，因此得名独花兰。

独花兰对生境的要求非常高，属于地生兰，只有在人为干扰很少且枯叶和腐殖质肥厚的天然林下生境中才有可能发现它的芳踪。为了找到独花兰的踪迹，我们颇费了一番周折，雨后的山坡湿滑难行，早春时节到处都绿意盎然，要想在阴暗的林下草丛中找到匍匐在地面上的矮小兰花，需要观察者有足够的耐心和敏锐的眼力。正当我们快要放弃时，同事突然发现前方山坡上有一小片醒目的淡紫色。我们快步走过去，珍贵的十几株独花兰组成的一个小群落，就展现在我们眼前，并且正在盛花期，放低身段仔细观察，一朵朵独花兰就如同一个个小精灵从大地中探出头来。一根直立的花葶从土中抽出，顶部的花朵微微下垂，属于标准的兰花花型，姿态优雅，花瓣充满了肉质的质感。

▲ 独花兰群落

▲ 独花兰

珍贵的天然次生林和植物多样性

华东地区开发历史悠久，人口密集，绝大多数区域地带性植被已经丧失殆尽，但宝华山保护区内却保存了一片面积虽小，但结构完整的天然次生林，显得弥足珍贵。沿山间小道而行，沿途都是参天大树，能看到高大的紫楠（*Phoebe sheareri*），这种樟科的常绿乔木叶呈革质，木材纹理中具有金丝和绸缎光泽，因此和闽楠、润楠的木材一起被称为"金丝楠木"。但高贵的木质也为其带来了无穷的灾难，从古代开始，为了修建重要建筑，紫楠被大量砍伐，导致野生种群数量越来越少。还有一些紫弹朴（*Celtis biondii*）大树，属于大麻科朴属，叶片较大，呈椭圆形，果实呈圆形，成熟后变紫色，如同一颗颗紫色的弹珠，因此又被称为紫弹树。数量众多的建始槭（*Acer henryi*）是无患子科槭属小乔木，与一般槭属植物不同的是，建始槭长有 3 小叶组成的复叶，早春盛开下垂的穗状花序，由于模式标本采自湖北建始而得名。同一个科的三角枫（*A. buergerianum*）在宝华山也很多，有些甚至都是百年以上树龄的古树，三角枫树皮呈褐色或深褐色，叶片三裂，秋季变成红色或橙色，是宝华山重要的红叶植物。

宝华山的草本植物种类繁多，早春季节过来，能看到野生

▲ 紫弹朴　　　　　　　　　　　　　　　　　　　　　　▲ 建始槭

的浙贝母（*Fritillaria thunbergii*），高高地矗立于草丛之上，有
一种鹤立鸡群的味道，十分醒目。实际上，浙贝母分布范围
还挺广，整个华东地区都有它的身影，颜值极高，黄绿色的钟
状花朵垂挂在纤细的茎秆上，如美人垂首，亭亭玉立，姿态
轻柔飘逸。常见的还有罂粟科的刻叶紫堇（*Corydalis incisa*），
是华东地区春季最普通的野花，常常成片开放，形成一小片
紫色的花海。刻叶紫堇的特点是羽状分裂的叶片顶端有缺刻，
好似刀尖一般，因此得名，又因为小花朵外形像小鱼儿，别名
又叫紫花鱼灯草。在独花兰的伴生植物中，还亮草（*Delphinium
anthriscifolium*）的颜值也很高，作为北方常见的翠雀的亲戚，
虽然花朵略小，但拥有完美的造型和妖艳的颜色，绝对是野花
中的精品。石竹科的太子参（*Pseudostellaria heterophylla*）别
名又叫孩儿参，正在盛开小白花，虽然外貌很普通，但块根却
是传统中药材。我们还拍到了正在开花的钩腺大戟（*Euphorbia
sieboldiana*），这种大戟科植物花形非常奇特，椭圆形的总苞
如同一个绿色的浅碟，圆球形的子房就像碟中的一颗仙桃，旁
边还搭配有 4 个新月形的钩状腺体，也因此而得名钩腺大戟。
美丽的华东唐松草（*Thalictrum fortunei*）也正在林缘开花，顾
名思义，这种唐松草属植物主要分布于华东地区，仔细观察
它的花朵，辐射状的造型像极了夜空中绽放的朵朵礼花。

在林缘空地区域，生长着大片的石蒜属植物，叶片比石蒜（*Lycoris radiata*）宽大，但未到花期，无法判断具体种类。这个属的分布中心就在华东地区的苏浙皖三省，开花时无叶，长叶时无花，具有"花叶永不相见"的特点，属内的石蒜也被称为曼珠沙华。鸡腿堇菜（*Viola acuminata*）也正在开花，第一次学到这种植物时，曾经很好奇它名字的来历，从整个植株看不到半点和鸡腿有关的信息，后来才知道，鸡腿堇菜的嫩苗和嫩叶均可食用，据说烹调后会出现鸡腿肉的香味，因此而得名。林下还有成片的野芝麻（*Lamium barbatum*），这种在东部地区常见的杂草生活力特别旺盛，因为外形和花朵非常像芝麻而得名。同样常见的还有蓬蘽（*Rubus hirsutus*），这

▲ 浙贝母

▲ 还亮草

▲ 钩腺大戟

▲ 华东唐松草

种悬钩子属的小灌木几乎随处可见，只是取了一个非常冷僻的中文名。早春盛开白色的花朵，成熟后的鲜红色果实被称为"野草莓"，美味可口，是东部地区最常采食的野果之一。另一种分布很广的野果木通（*Akebia quinata*）也正在盛开紫色的花朵，地面上还有很多活血丹（*Glechoma longituba*），这种广泛分布于全国各地的小草本通常匍匐在地面上，是一味常见的药草，因具有活血化瘀功效而得名。

在路旁草丛中，缠绕的马兜铃（*Aristolochia debilis*）长出一个个小号一样的花朵，是马兜铃科的科长，这个科的植物名称来源于其成熟果实如挂于马颈下的响铃，其实这个科的花朵更为奇特，通常花朵基部膨大呈球形，向上收缩成一长管，管口扩大成喇叭状，吸引昆虫进入传粉。宝华山确实是植物资源宝库，除了常见的种类外，难得一见的七叶一枝花（*Paris polyphylla* var. *chinensis*）也被我们碰上了，这种植物特征明显，七片叶子轮生在笔直的茎秆上，开花时唯一的花朵位于顶端，并且花瓣颜色、形态和下面的叶片类似，会让人误以为是两层轮生的叶片，因此别名也叫"重楼"，是一种珍贵的药材，由于长期被采挖，导致野生资源量越来越小，急需加强保护。在林中的枯木上，我们还发现了野生的黑木耳。在考察中，我突然闻到一阵恶心的气味，原来不远处有一头

▲ 鸡腿堇菜

▲ 蓬蘽

▲ 马兜铃

▲ 七叶一枝花

野猪的残骸，估计死亡时间很久了，腐烂得只剩下一些破碎的毛皮，死因不详，由此也能看出，宝华山良好的生态环境真的是野生动物的乐园。

千年古寺隆昌寺

"天下名山僧占多"，意思是自然环境较好的名山多有寺院。其实从另一个角度来看，也正是这些寺院的入驻、寺院风水林的存在让这些名山的环境得到了更好的保护。宝华山也不例外，宝华山顶上有一座名为隆昌寺的佛教寺院，是佛教律宗祖庭，历史悠久，宝华山也因此享有"律宗第一名山"的美称。现在的隆昌寺规模很大，寺中保存有明代的无梁殿、铜殿等古建筑，被列为全国重点文物保护单位。千年来，正是因为隆昌寺的存在与保护，宝华山这片珍贵的天然林以及宝华玉兰、宝华鹅耳枥等特有珍稀濒危物种才得以幸存下来。

展望

宝华山自然保护区，这个紧邻大城市的袖珍型自然保护区

▲ 山脚下的千华古村

同时也是国家森林公园，还是国家 4A 级旅游景区。由于紧邻南京市栖霞区，宝华山也成为南京人周末休闲度假的后花园，为吸引南京游客，景区还专门出台了南京市民凭身份证免费领票参观的优惠政策。随着今后游客数量的不断增多，保护区一定要协调好旅游开发利用与自然保护的关系，既要金山银山，更要绿水青山，要让宝华山这片珍贵而美丽的森林得到很好的保护，让濒危的植物得以繁衍生息，让子孙后代都能在宝华山欣赏到宝华玉兰和独花兰的美丽身影。

罗霄山脉的世外桃源：
桃源洞

大约 1 600 年前，东晋文学家陶渊明的一篇《桃花源记》，让无数人对那想象中的超脱尘世纷争、安宁自由的世外桃源痴迷不已。然而，在我国湖南省株洲市炎陵县境内，有一个名叫桃源洞的国家级自然保护区，却真实地存在于现实中。桃源洞保护区始建于 1982 年，由湖南省人民政府批准建立，是湖南省最老的自然保护区之一，2002 年经国务院批准晋升为国家级，总面积为 23 786 公顷。桃源洞保护区紧邻江西井冈山，森林覆盖率高，是资源冷杉（*Abies ziyuanensis*）、银杉（*Cathaya argyrophylla*）、南方红豆杉（*Taxus wallichiana* var. *mairei*）、黄腹角雉（*Tragopan caboti*）等众多国家重点保护野生动植物的重要栖息地，具有极高的科研和保护价值。我曾于 2010 年和 2014 年两次到访该保护区，开展管理评估和课题研究，停留的时间虽然短暂，却留下了很深的印象。

优越的生态环境

我第一次来到桃源洞，是在 2010 年 8 月，参加国家级自然保护区管理评估，记得当时刚结束对桂东县八面山保护区的评估考察，到达炎陵县后，未作任何停留，直接赶到桃源洞保护区现场。桃源洞保护区的名字其实与《桃花源记》并无联系，而是由于区内有一条幽深的大峡谷，每年春天都有大片漂亮的山樱桃花盛开，因此而得名。现在的桃源洞保护区是一个森林生态系统类型的自然保护区，处于湘赣边界的罗霄山脉南端，由于地理位置偏僻，生态环境保存得非常好。行走在保护区内，到处是茂密的常绿阔叶林，气候上属于中亚热带湿润地区，也正因为这一点，在高海拔区域时常出现壮观的云海景观。我们站在海拔 1 400 米左右的山腰上，眼前是白茫茫的一片云海，偶有黑色的山巅露出，如同大海中的小岛一般。峡谷中溪流众多，水质清澈，在水量充足的季节还能看到众多壮观的瀑布。然而，由于保护区山高坡陡，一些区域地质条件脆弱，连续的强降雨经常引发山体滑坡，在考察中我们就曾被塌方所阻，车辆

▲ 茂密的森林景观

▲ 壮观的云海

▶ 天然瀑布

无法通过。

保护区建立后，成立了炎陵县人民政府直属的副处级管理局，集自然生态保护、科学研究、科普教育和生态旅游等功能于一体，在多方投入下，保护区管护基础设施不断完善，先后建设了管理站（点）、检查站、野生动物救护站、病虫害监测站、野生动植物观测站、气象水文监测站、瞭望塔等，有效发挥了资源管护职能。目前保护区还被列为湖南省科普教育基地，开展了包括黄腹角雉放归、爱鸟周宣传等形式多样的科普教育活动。

丰富的物种多样性

由于地处我国中亚热带南部向北部的过渡地带，桃源洞保护区保存了较为完整的具有华南、华中和华东等多种区系成分的原始森林，保护区内野生动植物资源十分丰富。其中著名的第四纪冰川孑遗植物——资源冷杉，是我国南岭山地新发现的冷杉树种，其模式标本就采集于桃源洞保护区的大院农场，因此别名又被叫作"大院冷杉"。这种珍稀冷杉新种仅分布于湖南炎陵和广西的局部区域，种群数量特别稀少，被列为国家一级重点保护野生植物。保护区也是国家一级保护鸟类黄腹角雉在湖南省的主要分布区。据统计，保护区共有维管束植物 215 科 2 019 种，是湖南省野生植物最丰富的地区之一，共有陆生脊椎动物 25 目 212 种，占全省总数的 1/3。

在短暂的考察中，我们在保护区内充分领略了野生植物的多样性。除了资源冷杉外，我们还拍到了国家一级重点保护野生植物南方红豆杉的成熟种子，这种神奇的裸子植物，成熟的种子就像一颗颗红豆，看起来膨大的果肉实际上是它的假种皮，不仅具有很高的观赏价值，味道也很不错，具有浓郁的甜味，是多种小鸟的食物。

由于季节原因，我们来保护区时，多数花朵已经凋谢，只有少数仍在盛开。在峡谷中湿润的石壁上我们看到了名叫绢毛马铃苣苔（*Oreocharis sericea*）的苦苣苔科植物，紫色的花朵形状十分奇特，由两裂的上唇和三裂的下唇组成，具有很高的观赏价值。我们还拍到了一株鸭跖草状凤仙花（*Impatiens commelinoides*），花形也很奇特，花冠类似鸭跖草也生长于阴湿生境中。盛开小白花的格药柃（*Eurya muricata*）数量很多，这种五列木科的小灌木分布广泛，秋冬季节开花，具微微的香味，花谢后会结出球形浆果，密集于枝干上，是一种很好的观花观果植物。

虽然保护区鲜花不多，野果却琳琅满目。在考察途中，我们拍到了很多五颜六色

▲ 资源冷杉

▲ 南方红豆杉

▲ 绢毛马铃苣苔

▲ 鸭跖草状凤仙花

的野果。颜色最为鲜艳诡异的当数绣球花科的常山（*Dichroa febrifuga*），成熟的浆果呈蓝色，在林中十分醒目，其根部还含有常山素，是一种抗疟疾的药材。保护区内还分布有很多杜茎山（*Maesa japonica*），这是报春花科的小灌木，广泛分布于我国华南地区，米白色的果实酷似胡椒，因此别名又叫作野胡椒。荨麻科的紫麻（*Oreocnide frutescens*）的奇特果实吸引了我们的目光，一颗颗洁白而且晶莹剔透的果实密生于枝干上，仿佛白色的虫卵，实际上这些白色的果实是肉质花托，成熟时膨大，呈壳斗状，包裹在真正的果实周围。还有黑色的滇白珠（*Gaultheria leucocarpa* var. *yunnanensis*），是杜鹃花科白珠属的常绿小灌木，虽然名叫白珠，却名不副实，成

▲ 常山

▲ 杜茎山

▲ 紫麻

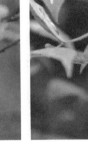

▲ 滇白珠

熟的浆果状蒴果呈球形、深黑色，叫"滇黑珠"才更合适呢。葡萄科的三叶崖爬藤（*Tetrastigma hemsleyanum*）又名三叶青，成熟的果实呈鲜红色，果实和块根均可入药。

和谐的世外桃源

桃源洞保护区拥有良好的生态环境，当地居民功不可没。保护区所在区域历史上就是客家人的聚居区，山民长期依赖自然资源，在保护区内从事传统的生产生活活动，形成了一种人与自然的和谐与平衡。在考察中，我们看到了很多散落在保护区中的当地传统民居，多数采用夯土来做墙壁，就地取材，非常结实。民居的大门也很具特色，在内门外面还有一半的外门，组成了独特的双层门结构；主人在家里，内门敞开，外面的半截外门关闭，可以阻挡家畜随意进入屋内，这种实用设计凝聚了一定的民间智慧。

目前当地人主要通过种植毛竹（*Phyllostachys edulis*）、油茶（*Camellia oleifera*）等经济作物，收取竹笋，生产竹筷，从事林下经济活动获取收益。在考察中我们就看到了很多当地居民晾晒的油茶种子，晒干后可以榨取茶油，是一种非常美味且经济价值很高的食用油类。还有相当多的居民饲养蜜蜂，售卖原生态的蜂蜜也是一项重要的创收手段。在秋季野果成熟季节，还有少数居民会采集木通、猕猴桃等野果，拿到集市上进行售卖。

虽然两次在桃源洞保护区的逗留时间都很短，对整个保护区也是管中窥豹，但桃源洞保护区优越的自然环境、丰富的物种、淳朴的当地民风让人印象深刻。这也从侧面告诉我们，在实践中生态保护与当地居民之间并不存在不可调和的矛盾，在和谐共处的关系下，当地居民在自然保护区的就地保护中还具有相当的加分效果。

▲ 客家人传统民居

▲ 晾晒的油茶种子

悬崖峭壁的巴蜀奇山：
金佛山

　　说起重庆，人们立马会联想到密集的高楼大厦、高低不平的山城、美味的火锅，甚至漂亮的妹子，等等。实际上，作为我国面积最大的直辖市，重庆还拥有生态环境原始、生物多样性丰富的大面积自然保护区，而位于南川区境内的金佛山国家级自然保护区，绝对是其中名声最大的代表了。2017年7月初，为查明珍稀特有植物的保护现状，以及为国家生态保护红线划定提供支撑，我和同事实地考察了金佛山保护区，在易思

▼ 金佛山

荣老师的带领下，顺利寻访到银杉、南川梅花草（*Parnassia amoena*）、金佛山竹根七（*Disporopsis jinfushanensis*）、树枫杜鹃（*Rhododendron changii*）等金佛山特有的珍稀植物，不仅见识了物种宝库的丰饶程度，更领略了金佛山气势雄伟的自然景观。

大名鼎鼎的金佛山

金佛山属于大娄山东段支脉，主峰风吹岭海拔 2 251 米，是大娄山山脉的最高峰，外形宛若一尊顶天立地的大佛，在阳光照射下金光闪烁，因此而得名。金佛山属喀斯特地貌，发育了独特的悬崖峭壁和巨大的亚高山溶洞群，与峨眉山、青城山、缙云山一起被誉为"巴蜀四大名山"。优越的自然环境让金佛山成为众多珍稀濒危物种的栖息地，是一座珍贵的生物宝库。早在 1979 年，金佛山就被批准为自然保护区，1988 年被批准为国家重点风景名胜区，1994 年成为国家森林公园，1999 年成为全国首批科普教育基地，2000 年经国务院批准晋升为国家级保护区，2013 年跻身国家 5A 级景区，2014 年被联合国教科文组织列为世界自然遗产。作为野生植物类型保护区，金佛山以银杉、珙桐（*Davidia involucrata*）、黑叶猴（*Trachypithecus francoisi*）等珍稀野生动植物及森林生态系统

▲ 石灰岩峭壁

▲ 山顶木栈道和两侧的箭竹林

为主要保护对象，总面积 41 850 公顷。

  为节省体力，我们乘坐索道吊箱上山，从高高的吊箱中俯瞰壮观的石灰岩峭壁，仿佛是完整的山体被刀斧纵向切割过一般。到达海拔 2 000 多米的山顶后立马就感受到习习的凉风，与高温炎热的山下简直就是两个世界。出了索道上山后，游客只能沿修建好的栈道前进。山顶区域分布有大片的天然箭竹（*Fargesia spathacea*）灌丛，漫步其中，如同走在人工种植的整齐稻田中一般。大风吹过，箭竹呈波浪般摆动，并发出沙沙声。穿过箭竹林，就来到了著名的绝壁栈道，这是一条长度约 3.5 千米，在几乎竖直的崖壁上修建而成的栈道，游客行走其上，可以近距离观赏金佛山金龟朝阳的绝壁景观以及沿途的灵官洞、燕子洞等巨大溶洞。由于栈道近乎悬挂在峭壁上，走在上面，有种凌波微步、凌于白云之上的奇妙感觉。如果把栈道换成当下流行的玻璃栈道，一定更加惊险刺激。

▼ 悬崖上的栈道

珍稀濒危和特有植物的摇篮

　　金佛山呈岛屿状，喀斯特地貌对生境形成了天然的切割，造成了很多独特的小生境，局部地区还有典型的石林景观，并演化出很多只适应于这些特殊生境的特有物种。金佛山保护区保存了大面积的中亚热带常绿阔叶林，森林覆盖率高达85%以上，并且垂直分布明显。独特的地理位置、古老原始的地质、优越的自然条件让金佛山保护区成为众多珍稀濒危和特有植物的摇篮。据不完全统计，在金佛山地区发现并命名的植物新种共有100多种，很多都仅分布于该区域，只能在这里发现它们的踪迹，一旦遭到破坏，将直接导致灭绝。

　　银杉是金佛山最有名的明星植物之一，也是国家一级重点保护的濒危植物，作为古老的孑遗植物，在金佛山成功躲过了第四纪冰川袭击而幸存，因叶片背面有银白色气孔带而得名。同样幸运的还有水青树（*Tetracentron sinense*），是第三纪古老孑遗植物，属于国家二级保护植物，我们刚好赶上它的花期，一串串穗状花序垂挂在枝条上，如同细长的挂面。此行目标种之一的南川梅花草终于在潮湿石壁上被我们发现，这个以南川命名的梅花草属植物长着肾形的叶片，植株非常柔弱，白色的花朵很特殊，花瓣上长有长长的流苏状的毛丝。在生态石林景区，我们顺利找到了贝叶越橘（*Vaccinium conchophyllum*），这是一种狭域分布的常绿小灌木，数量非常少，因叶片如同贝壳而得名，春季会开出紫红色的钟状小花，结出蓝莓形状的果实。金佛山竹根七，这种以金佛山命名的竹根七属植物不仅模式标本采自保护区，并且也只分布在这里，数量非常少，植株个头很小，白色的嫩果如同一颗白珍珠，悬挂在枝顶。

金佛山保护区还是杜鹃花的乐园，根据统计，整个保护区共分布有 40 多种杜鹃花，春季盛开时，姹紫嫣红，色彩各异，给金佛山抹上了浓重的色彩。阔柄杜鹃（*R. platypodum*）、短梗杜鹃（*R. brachypodum*）、树枫杜鹃和瘦柱绒毛杜鹃（*R. pachytrichum* var. *tenuistylosum*）等杜鹃花是金佛山保护区的独有种类。短梗杜鹃花梗短而密被鳞片，阔柄杜鹃因叶柄宽阔，两侧呈翅状而得名，树枫杜鹃紫色的幼枝带有细刚毛，盛开黄

▲ 南川梅花草

▲ 金佛山竹根七

▲ 贝叶越橘

▲ 瘦柱绒毛杜鹃（摄影：易思荣）

色花朵。瘦柱绒毛杜鹃花柱瘦长，蒴果密被红褐色茸毛。此外，白色的金山杜鹃（*R. longipes* var. *chienianum*）和带有泡状粗皱纹叶脉的粗脉杜鹃（*R. coeloneurum*）等10多种杜鹃花的模式标本就采自金佛山。

植物宝库

在考察途中，除了要寻找的目标种外，保护区内种类繁多的野生植物也让我们目不暇接。喀斯特地貌通常是苦苣苔科植物的理想生境，漂亮的直瓣苣苔（*Oreocharis saxatilis*）数量很多，附生在沿途的湿润石壁上，黄色花朵的顶端如同一张微微张开的小嘴，十分可爱。几株吊石苣苔（*Lysionotus pauciflorus*）正在开花，这种苦苣苔分布十分广泛，花朵大而美观。在一处瀑布下的岩石上，我们还发现了几株光叶苣苔（*Glabrella mihieri*），叶片形状较为独特且呈革质，可惜未到花期，没能拍到花。石灰岩壁上附生的叉柱岩菖蒲（*Tofieldia divergens*）刚刚结出嫩绿色的幼果。第一次见到匍匐在石壁上生长的匍匐忍冬（*Lonicera crassifolia*），它颠覆了我脑海中对于忍冬科植物的印象，这种我国特有的常绿匍匐小灌木是一种很好的垂直绿化植物资源。

▲ 直瓣苣苔

▲ 吊石苣苔

▲ 叉柱岩菖蒲

石壁区域的常见植物还有川鄂柳（*Salix fargesii*），顾名思义，这种杨柳科的小灌木因分布于四川和湖北而得名。为适应石壁上缺少水土的恶劣条件，川鄂柳的个头十分矮小，不仔细看都分辨不出是柳属的植物。在水分充裕的阴湿石壁上，偶尔还能看到正在结果的吉祥草（*Reineckea carnea*），因为名称寓意美好，常被用来种植观赏。

金佛山保护区内植物群落结构复杂，乔木、灌木、草本植物、附生藤本植物应有尽有，我们来的时机很巧，山中开花植物众多。在小乔木中，尖叶四照花（*Cornus elliptica*）正在花期，4片硕大的白色苞片十分醒目，很远就能看到。大量的挂苦绣球（*Hydrangea xanthonecura*）也正值花期，大型聚伞花序下垂，依靠鲜艳的不育花来吸引昆虫传粉。在栈道沿途还能看到一些山梅花（*Philadelphus incanus*），开花时繁花满树。在阴暗的林下生长着大量阴生植物，常见的有好几种凤仙花，包括长翼凤仙花（*Impatiens longialata*）、黄金凤（*I. siculifer*）和棱茎凤仙花（*I. angulata*），都正在开花，黄金凤的花朵上镶嵌着红色的斑纹，棱茎凤仙花的白色花瓣中夹带着紫色斑点，煞是好看。

林下还有很多外形奇特的草本植物，革叶蒲儿根（*Sinosenecio subcoriaceus*）就是其中之一，在没有看到菊科特有的小黄花时，只看到椭圆形革质的叶片，我一直以为是某种虎耳草。后来经易思荣老师介绍，金佛山保护区内类似的蒲儿根属植物还有好几种呢。三小叶碎米荠（*Cardamine trifoliolata*）因长有 3 片小叶而得名，与东部地区常见的碎米荠属植物差别挺大。奇特的马蹄芹（*Dickinsia hydrocotyloides*）让我眼界大开，这种伞形科的植物叶片真的如同马蹄一般，太神奇了。罂粟科的血水草（*Eomecon chionantha*），久闻大名，这次终于见到其真容，它生长在竹林下，大大的心形叶片，配上白色的花朵，也许是因为植株折断后会流出红黄色的形似血水的汁液，所以才被取了这血腥的名字吧。

在考察中，我们还拍到了一种颜色很诡异的鼠尾草属植物，叶片背面是紫色，穗状花序上密生深紫色的小花，查阅后才得知是紫背贵州鼠尾草（*Salvia cavaleriei* var. *erythrophylla*），也是一种很有开发利用潜质的野生观赏植物。同属唇形科的华西龙头草（*Meehania fargesii*）也正在盛开，数量较少。西南附地菜（*Trigonotis cavaleriei*）也是中国特有植物，因主要分布在西南地区而得名，长有巨大的叶片，开出紫草科少见的白色花朵。荨麻科的水麻（*Debregeasia orientalis*）已经在枝条上结出密密麻麻的红色小果，放大看很像悬钩子属的果实，据说味道酸甜，可以食用。

可爱的小动物

金佛山良好的生态环境也是野生动物的乐园，因为我们停留的时间短，所以亲眼见到的野生动物并不多，主要是一些漂亮的蝴蝶和小型兽类。由于正处于金佛山的花季，随处可见繁忙的蝴蝶四处飞舞，忙着给各种花朵传粉。常见的有

▲ 三小叶碎米荠

▲ 马蹄芹

▲ 血水草

▲ 紫背贵州鼠尾草

▲ 西南附地菜

▲ 云豹盛蛱蝶

▲ 红颊长吻松鼠

红锯蛱蝶（*Cethosia biblis*），长着橘红色的翅膀，边缘为黑色锯齿状，名称与形态特征非常吻合。斑星弄蝶（*Celaenorrhinus maculosus*）从正面看翅膀为棕褐色，前后两对翅膀上分布有白色和黄色的星星状斑点。云豹盛蛱蝶（*Symbrenthia niphanda*），顾名思义，翅膀上的斑纹有点像豹的斑纹。在燕子洞洞口附近，我们拍到了一只不怕人的小松鼠，体形很大，比常见的松鼠要大很多，脸颊毛色略红，回来鉴定后才知道，原来名叫红颊长吻松鼠（*Dremomys rufigenis*），是松鼠中吻部最长的，长有蓬松的长尾巴，在我们面前跳来跳去，十分可爱。

展望

金佛山保护区集高山、峡谷、喀斯特洞穴、瀑布、溪流、石林、森林、灌丛于一体，无与伦比的自然条件让保护区获得了一大堆让人眼花缭乱的头衔，成为旅游开发的宣传名片。保护区紧邻直辖市重庆，与贵州省接壤，优越的地理位置为旅游开发提供了便利条件。经过多年的建设，保护区现在已经修建了相当完善的旅游设施，包括客运索道、高等级的旅游车道、步游道、绝壁栈道等，还有金佛山两江酒店等住宿设施，并配备了数量众多的旅游宣传和科普教育标牌。游客在保护区游览的同时，也可以接受环境教育。

然而，由于金佛山保护区的巨大名气，如世界遗产、5A级景区，在旅游产业蓬勃发展的现在，每年都吸引了大量的游客前来，旅游活动也因此成为金佛山生态保护面临的威胁，我们在等待客运索道时，尽管是在淡季的工作日，仍然需要排很久的队才能轮上。如果到了小长假等游客爆发期，真的为金佛山的生态承载力感到担忧。游客进入保护区后，不仅要游览，更需要解决吃喝拉撒的问题，对于保护区来说这是一项沉重的负担。希望金佛山保护区旅游经营者充分考虑旅游对保护区的不利影响，科学、适度、可持续地发展生态旅游，既让游客欣赏到美丽的金佛山景观，也让金佛山永远保持珍贵的原真性，让重庆市这张宝贵的绿色名片永放光芒。

浑然天成的山水画卷：
画稿溪

　　画稿溪，一个充满诗情画意的美丽名字，她既是一条溪流，也是一个国家级自然保护区。画稿溪在四川省东南部的泸州市叙永县境内，位于四川、云南、贵州和重庆四省交界处，地理区位十分独特。保护区始建于 1998 年，2003 年晋升为国家级，总面积 23 827 公顷，主要保护对象为亚热带原始常绿阔叶林生态系统、植物活化石桫椤群落及其他珍稀野生动植物。从 2015 年至今，我曾多次来到这里进行管理评估或野外调查，还曾在保护区内度过了令人难忘的中秋节。

▼ 峡谷溪流

山水画卷，浑然天成

　　画稿溪保护区属于亚热带湿润季风气候区，四季分明，降雨丰沛，水系属长江一级支流赤水河和永宁河流域，主要溪流有水尾河、墩梓河和三岔河等。保护区内山势陡峭，峡谷众多，植被茂密，溪流多，瀑布多，云雾多，形成了画稿溪保护区独特的自然景观。行走在保护区内，如同漫步于优美的画卷中。一次9月的画稿溪之行正好赶上阴雨天，空气湿度很大，山间更是云雾缭绕，恍如仙境。雨后的画稿溪到处都是湿漉漉的，大大小小的瀑布几乎随处可见，千姿百态、异彩纷呈。从远处看，水量小的瀑布如同一条条白线从山顶上垂挂下来。而像龙潭岩瀑布这种水量巨大的瀑布，在很远就能听到巨大的轰鸣声。站在瀑布下，望着裂帛般的粗大水柱奔泻而下，伴随着震耳欲聋的响声和溅射出来的水雾，真是蔚为壮观，令人不由得感叹大自然的伟大。

▲ 龙潭岩瀑布

桫椤王国，植物宝库

　　画稿溪保护区位于四川盆地与云贵高原的过渡地带，在植物区系的划分上处于泛北极植物区和古热带植物区的汇集和分界点上。区内沟谷纵横，切割很深，丹岩绝壁成为保护区的天然分界线，这也是保护区成为古老、珍稀濒危植物避难所的重要原因。在调查中，我们在保护区内看到了大量的史前植物——桫椤（*Alsophila spinulosa*）群落。桫椤又名树蕨、笔筒树等，这个类群是现存唯一的大型木本蕨类植物。在遥远的侏罗纪和白垩纪时期，即恐龙统治地球的时代，桫椤科植物曾是陆地上的优势植物，也是草食性恐龙们的主要食物。在亿万年的风云变幻中，恐龙早已灭绝，只有这些古老的活化石机缘巧合地在少数地方幸存下来，成为孑遗植物，数量也越来越少。为了更好地保护这些古老珍稀植物，国家已将桫椤科的所有植物都列入《国家重点保护野生植物名录》中，保护级别为二级。

画稿溪保护区内共有两种桫椤，分别是小黑桫椤（*A. metteniana*）和桫椤，主要生长在低海拔的沟谷溪流边。据统计，画稿溪保护区内共有约 12 万株野生桫椤，简直就是一个桫椤王国。漫步于画稿溪、官桂河和墩梓河边，看到两岸成片分布的桫椤就像一把把巨伞，其密集程度让人惊叹。高大的桫椤树形优美，体态婀娜；成年的桫椤植株长有一根粗壮的主干，巨大的叶片从树顶发散开来，常年保持绿色。但常绿并不代表不落叶，衰老的叶片会自动下垂枯死，耷拉在树干上，而新生卷曲的嫩叶从树顶不断长出。难能可贵的是，目前保护桫椤已经成为整个保护区，包括区内和周边当地居民的共识。

除了珍贵的桫椤外，良好的自然环境也使得画稿溪保护区成为一个天然的植物宝库。几次考察中，我们实地发现了大量形态各异、别具特点的野生植物。官桂河河滩上有很多

▲ 桫椤群落

▲ 桫椤植株

鲜艳的黄色花朵，名叫忽地笑（*Lycoris aurea*），隶属于石蒜科石蒜属。忽地笑开花时无叶，是彼岸花的黄色亲戚，也是一种花叶永不相见的植物。它在秋季开花时叶片早已枯萎，直接从鳞茎上抽出一根细长的花葶，在顶端长出6~10朵花瓣强烈反卷的金黄色花，因此也被称为金花石蒜。仔细观察，忽地笑那像水仙一样的鳞茎主要生长在河滩上的石缝中，这里长期受到溪水的冲刷，土壤和养分都极少，可见忽地笑的生存环境多么恶劣。石蒜属植物也因为经常长在石缝中，形状如蒜头，所以得名石蒜。

河滩上还有很多正在开花的垂序马蓝（*Championella japonica*），别名日本黄猄草，这是爵床科的一种矮小草本植物，非常适应湿润环境。叶片呈披针形，花朵很小，在植株长期被溪水浸泡的情况下依然能生长良好。旁边忍冬科的蕊帽忍冬（*Lonicera pileata*）同样在河滩上生长良好，还结出了一串串紫色的果实，成熟的果实呈半透明状，并带有紫玉般的诱人光泽。岸边树上攀附的一种木质藤本植物吸引了我们的目光，只见长长的藤条上生长着很多圆球形、黄褐色的果子，我们都以为是一种野生猕猴桃，但它的叶片是羽状复叶，这让我们百思不得其解，只能先拍下照片再说。回来一查，果然不是猕猴桃，原来是豆科的厚果崖豆藤（*Millettia pachycarpa*）。通

▲ 河滩上开花的忽地笑

▲ 蕊帽忍冬

常豆科植物都长有扁扁的豆荚，厚果崖豆藤的荚果却肿胀成球形，并长有浅黄色疣状斑点，真是豆科家族的另类啊。我们在附近还看到了樟科的香叶树（*Lindera communis*），顾名思义，这种小乔木的叶片看起来不起眼，但只要轻轻揉碎，就能闻到一股浓烈的香味，是一种很好的芳香植物。我们还看到了紫色小花苞下垂着的菊科的东风草（*Blumea megacephala*）、匍匐在路边地面上的红马蹄草（*Hydrocotyle hepalensis*）和马蓝属植物等。

画稿溪保护区雨水多，湿度大，在阴湿的石壁小生境中生长着很多耐阴喜湿的植物。去龙潭岩瀑布的途中，在一块石壁上我们拍到了3种开花的苦苣苔科植物。其中名叫白花异叶苣苔（*Whytockia tsiangiana*）的植物叶片成对生长，但一只为正常叶，另一只为很小的退化叶，整个异叶苣苔属都具有这种叶片成对但差异很大的特征。另一种名叫纤细半蒴苣苔（*Hemiboea gracilis*），植株很大，花朵也很大，观赏价值很高。还有一种是紫花苣苔（*Loxostigma griffithii*），植株高大，花朵也很大，花瓣上密布的紫色斑点让整个花朵都呈现为紫色。我们在石壁上还看到几株开白花的峨眉梅花草（*Parnassia faberi*），这是卫矛科的一种纤细柔弱的小草本植物，生长在湿润的石壁上，因模式标本采集于峨眉山而得名。我们在潮

▲ 垂序马蓝

▲ 厚果崖豆藤

湿的林下还看到一些华山姜（*Alpinia chinensis*），残存着一些绿绿黄黄的圆果果。还有花形奇特的异药花（*Fordiophyton faberi*），这种野牡丹科的植物长有两种形态差异极大的花药，仔细看花朵，正常的花药很大，紫色的呈鱼钩状，而退化的粉色花药很小，只有不到正常花药的 1/5，所以获得了异药花这个古怪的名字。我们在林下还拍到了两种正在开花的荨麻科植物，一种是楼梯草属的托叶楼梯草（*Elatostema nasutum*），这个属的植物因为叶片呈现阶梯状排列生长而得名。另一种是赤车属的赤车（*Pellionia radicans*），外形有点像楼梯草属植物，但叶片上有明显的斑痕，叶形十分美观。还有一棵健壮的赤水凤仙花（*Impatiens chishuiensis*）正在开花，黄色的花朵硕大，叶片肥厚，它们都是具有很大开发价值的野生观赏植物。

▲ 白花异叶苣苔

▲ 紫花苣苔

▲ 峨眉梅花草

▲ 托叶楼梯草

▲ 异药花

科研合作、井然有序

　　画稿溪保护区依托丰富的自然资源，和众多的科研院所一起开展了大量的科研合作与交流，并取得了丰硕的成果。我们曾对保护区内的主要溪流进行过水生生态专项调查，利用专业采集工具在不同断面采集了浮游植物、浮游动物、底栖生物的样本，对溪流中的石块进行科学取样，刮取附生的藻类，并对水边的水生植物进行了样方调查。在调查中，在溪边不时能看到白顶溪鸲（*Chaimarrornis leucocephalus*）和红尾水鸲（*Rhyacornis fuliginosa*）等。

　　我们在保护区实验区的农田中还发现了外来入侵动物福寿螺（*Pomacea canaliculata*），这种体形巨大的螺类最初是作为食材从国外引进的，后来逃逸为野生后，在南方已泛滥成灾。没想到如此偏僻的画稿溪保护区也不能幸免，收获后的水田中不仅能看到众多的福寿螺成体，还有很多福寿螺刚刚产下的新鲜卵块，一只福寿螺就能产下大如鸽卵的一块粉红色卵块，虽然颜色鲜艳好看，但一个卵块包含了几百颗螺卵，孵化出小螺后，又会对农田造成进一步的入侵。

传统文化、别具特色

画稿溪保护区能够保持良好的生态环境，与当地居民的淳朴和传统文化有着很大的关系。这里位于四省交界处，自古就是交通不便的偏僻之所，使这里的居民很好地传承了古代的一些优良传统和风俗，受到现代文明的冲击相对较小。我们在保护区内看到的当地民居几乎都保持着当地的传统特色。从侧面能清楚地看到支撑房屋的纵横木柱，墙体通常被粉刷成白色，被木柱分隔成一个个方块。屋檐很好地继承了中国古典建筑的神韵，出檐深远，这可能和当地多雨的气候特点

▼ 古民居的代表刘氏宗祠

有关，因为宽出檐可以更好地遮挡风雨。这种特色的民居不仅造型美观，也非常实用。但遗憾的是，我们在保护区内偏远的西溪村发现，少数当地的年轻人正在用毫无特色的普通房子取代这些带有地域特色的老建筑。也许在他们看来，新房子更为舒适，但是若干年后，他们一定会后悔现在的做法。我们在水尾镇附近路旁还发现了一处省级文物保护单位——刘氏宗祠。整个建筑群保存完好，虽然略残破，但依然在发挥着它的作用。老屋的主人善良而热情，见我们很感兴趣，连忙取下遮挡小鸡的木栅栏，让我们进去细细参观，民风之淳朴让人感叹。

画稿溪保护区内处处都洋溢着浓郁的人文气息。我们在墩梓河下游发现了一座名叫流芳桥的古石桥，横跨在墩梓河上。整座桥由巨大的石块堆砌而成，线条简洁明快，共有 8 个桥墩，中间的两个主墩雕刻成两个活灵活现的龙头，口中含有宝珠，

▼ 龙首古桥的流芳桥

生动而传神。看到这两个巨大的龙首，一下就让我想起了前年在泸县看到的龙脑桥，这简直就是龙脑桥的袖珍版。相比而言，流芳桥的雕刻更为细腻，保存更为完好，更为低调，而龙脑桥的知名度更高。更为难得的是，流芳桥现在仍是两岸居民过河的重要通道。

因独特的地理位置，画稿溪保存了大面积常绿阔叶林和古老的孑遗植物桫椤群落，与周边古蔺县的"黄荆老林"、合江县的福宝林区、重庆的四面山保护区、贵州赤水桫椤保护区等天然林区连成一片，是全球同纬度地区保存得最完好的自然保护区，也是我国中亚热带最具代表性的常绿阔叶林林区。保护好画稿溪，对于保护当地的生物多样性、生态环境，甚至独特的传统文化都具有重要意义，真心希望画稿溪保护区能够永远保持住这份纯真，让这张浑然天成的"画稿"永远留在人间。

酷热难耐的干热河谷：
元江

  2015 年 7 月，在一年中最热的季节，我来到号称有着火一般气候的云南省玉溪市元江哈尼族彝族傣族自治县，对元江国家级自然保护区进行了一次野外调查。第一次来到这里，我们就充分领略了高温天气的威力，晚上 8 点还是 37 摄氏度，白天最高在 42 摄氏度左右，简直和热带非洲一样炎热，到处都是热风拂面。3 天的时间很短，我们不仅调查了干热河谷片区（江东片区）、章巴望乡台片区（中山湿润性常绿阔叶林片区），还考察了沟谷雨林生境，见识了保护区丰富而独特的野生植物资源。

▼ 元江保护区

我国罕见的干热河谷

大名鼎鼎的国际河流红河穿越元江县城而过，由于处于北回归线上，独特的地理位置、地形、气候和水文条件使元江县城及周边沿河山谷区域形成了独特而罕见的干热河谷小气候，保存了我国干热河谷中最为典型的河谷型稀树灌木草丛植被。漫步于红河边，满眼都是稀疏的植物，很像非洲稀树草原的萨瓦纳植被。盛夏季节枯黄色居然成了主色调，绿色反而成了配角。不仅很多小草在焚风作用下变得如同北方秋季的枯草，就连很多当地土著小灌木和为数不多的乔木在白天也都蜷缩起叶片，尽可能减少水分散失，过着苟延残喘的"悲惨生活"。

独特的生境和植被使这里成为科学研究的天然基地，中科院西双版纳植物园 2011 年在这里正式建立了元江干热河谷生态系统研究站，对生态系统及环境要素的变化规律、生物资源保育、退化生态系统重建等开展长期监测与研究。研究站远离县城，位置偏僻，从县城出发，要先坐车，再坐小渡船横渡水流湍急的红河到对面，再沿简易土路徒步约 2 千米才能到达。我们非常幸运，可以通过刚刚落成、钢索油漆还未干的一条细长的吊桥到达河对岸，土路正在进行维修，由于车辆无法到达，只能使用骡马驮运砂石。当我们顶着能晒

▲ 红河

▲ 干热河谷植被

化人的烈日终于来到定位站时，早已汗流浃背。外人觉得很高大上的中科院的定位站其实就是一排建筑面积不到 600 平方米的小平房，共有 6 间宿舍，最多只能接待 12 个人，版纳植物园的老师带着学生长期在这里进行研究工作，真的是要耐得住寂寞才行，太不容易了。

尽管热浪逼人，但干热河谷中神奇而独特的植物让我们兴奋不已，在这种气候下，也只有那些特别适应炎热、干旱、强烈阳光和贫瘠条件的"异类"植物才能生存并繁茂地生长。大戟科的霸王鞭（*Euphorbia royleana*）在北方必须种在温室里才能成活，个头也很小，但在这里长成了巨人，拥有树干一样直立的主茎，高达 4 米，且随处可见，成为干热河谷植被中的最典型代表；仙人掌（*Opuntia dillenii*）在这里也是巨大无比，硕果累累，成熟果实的个头也很大，小心除去尖刺后可以食用。我们发现，火龙果（*Hylocereus undatus*）也非常适应这里的气候，和芒果（*Mangifera indica*）、龙眼（*Dimocarpus longan*）等一起成为元江县种植面积最大、数量最多的水果，火龙果的植株形状初看很像霸王鞭，实际上火龙果隶属于仙人掌科量天尺属，这个属的植物茎枝通常有翅，由于可以长得很长，仿佛可以用来测量天空的长度，因而得名。为了结果和采摘方便，栽培的火龙果的枝条可不能长得太长，通常将其固定在一根水泥桩上，上面还套上橡胶环，让枝条披散

▲ 干热河谷的独特植物群落

▲ 龙眼

开来，我们平常吃的火龙果就生长在这些枝条的末端。独特的气候也使得这里出产的水果具有极多的糖分和很好的口感。

在调查过程中，我们还发现了很多巨大的酸角树（*Tamarindus indica*），有些树龄甚至超过了百年，粗大的树干需要几个人才能抱得过来，这个季节酸角正在开花，酸角果汁成为当地的特色饮料。另外，我们还发现了很多的野生芦荟（*Aloe vera*），看来芦荟也非常适应干热河谷气候，难怪在县城周边也作为经济作物而大量种植。

走在干热河谷里，路边除了雄壮的霸王鞭、高大的酸角树外，还有很多当地特有的土著植物，经过漫长的自然选择，它们已经高度适应了当地环境，在高温中生长良好。例如，茜草科的白皮乌口树（*Tarenna depauperata*）和芸香科的小叶臭黄皮（*Clausena excavata*）算是这个区域的优势小灌木了，在炎热的正午，白皮乌口木通过将叶片变成萎蔫状以节约宝贵的水分，算是在极端环境下的自我保护措施吧。小叶臭黄皮因为含有多种挥发油，具有浓郁的气味，果实未成熟时呈绿色，逐渐变红，再变为紫黑色，十分鲜艳。在河边还能看到锦葵科苹婆属的家麻树（*Sterculia pexa*），这是一种乍一看很像七叶树的小乔木，果实裂开后表面有很多刺毛，千万不能碰，一碰就扎手。我们还品尝到了成熟的细基丸（*Polyalthia cerasoides*）果实，甜中带涩，这是番荔枝科的一种小乔木，花序的形状很独特，当地人叫它老人皮。值得高兴的是，尽管时间很短暂，我们居然幸运地看到了2010年才发表的一个新种——大戟科的瘤果三宝木（*Trigonostemon tuberculatus*），这是一种仅分布于元江县干热河谷的狭域特有濒危植物，据说只有几十株，具有很高的科学研究和保护价值。干热河谷里好东西太多了，无法一一细说，还有在这里采集的模式标本元江山柑（*Capparis wui*），还有当地人称为苦菜——作为野生蔬菜食用的夹竹桃科的南山藤（*Dregea volubilis*）等资源植物。

▲ 树木状的霸王鞭

▲ 酸角古树

▲ 小叶臭黄皮

▲ 白皮乌口木

▲ 元江山柑

▲ 瘤果三宝木

中山湿润性常绿阔叶林片区

考察完干热河谷片区后，我们随即去了元江保护区章巴望乡台片区，这里海拔1 500~2 300米，凉爽而湿润，该片区保存了大面积的中山湿润性常绿阔叶林，这里的植物种类与干热河谷相比截然不同，有很多耐阴湿环境的种类，还有很多资源植物具有重要的研究价值与开发利用潜力。只是受全球气候变化影响，降水逐年减少，连保护区里面的一个小水库都快要干涸了。

在阴湿的山路边，能看到好几种天南星科植物，有长着弯弯的像大象鼻子形状花序的象南星（Arisaema elephas），还有长得如同一把大伞的一把伞南星（A. erubescens），我们还看到了魔芋（*Amorphophallus rivieri*）的成熟果实，整个果序像玉米棒一样，上面点缀着蓝宝石一样的小果，因此当地人也称其土名"山苞米"。我们在路边还偶遇了野生食虫植物茅膏菜（*Drosera peltata*），这种植物个体很小，很不起眼，但长有很多特化的捕虫叶，可谓是全副武装，每片捕虫叶上面细小的卷须顶端有黏液滴，当小虫碰上就会被黏液包围，从而被茅膏菜吃掉，仔细看发现右边从下向上数第3片捕虫叶已经有所收获，成功地抓到一只小蚊子，并且将其包裹起来了。

▲ 象南星

　　这个片区的野生可食植物资源特别丰富，如潮湿草地上野生的黄毛草莓，尽管个头小，但成熟后白色的小果口感超级好，香气浓郁，比人工栽培的草莓香多了。我还第一次品尝了柳叶钝果寄生成熟的黄色小果，柳叶钝果寄生，顾名思义，是一种寄生植物，属于桑寄生科钝果寄生属，成熟的果实呈黄色、半透明状、长椭圆形，味道很甜，由于富含胶质，果肉入口非常黏，黏得你都吐不掉果皮和果核。我们在路边还发现了好几种杜鹃花科的小灌木，有越橘属的，成熟的果实形状和味道都和它的近亲蓝莓很接近，酸酸甜甜，具有很大的开发潜力；还有漂亮的芳香白珠（*Gaultheria fragrantissima*）和白珠树（*Gaultheria leucocarpa* var. *cumingiana*），开着一串串白色倒钟状小花的珍珠花（*Lyonia ovalifolia*）等，都具有很高的观赏价值。

▲ 食虫植物茅膏菜

▲ 柳叶钝果寄生

▲ 珍珠花

▲ 芳香白珠

湿润的沟谷雨林

最后一天，我们来到了阴暗、潮湿、闷热的沟谷雨林，植被类型与前两天所见的截然不同。由于沟谷雨林位置较为偏僻，人类活动干扰小，物种资源保存得非常好，我们居然还发现了野生喜树（*Camptotheca acuminata*）大树。刚进入雨林不久，我们就在头顶的树干上发现了几株漂亮的附生兰花，

▲ 云南山橙

▲ 野生芭蕉

用相机拉近了拍下来才知道是盆距兰（*Gastrochilus calceolaris*），它的根系牢牢地吸附在树干上，看起来仿佛与树干融为一体了。沿沟谷还有很多正在结果的野生芭蕉（*Musa basjoo*），野生的芭蕉果虽然个头小，结实率也很低，但却携带有大量珍贵的遗传基因，具有很高的保护价值。"野生芒果！"走在前面的同事一声惊呼，仔细一看，这种圆溜溜的既像芒果又像橙子的果实原来是夹竹桃科的云南山橙（*Melodinus yunnanensis*），尽管颜色很鲜艳，十分诱人，却是有毒的，不能食用。我们还看到正在开花的圆瓣姜花（*Hedychium forrestii*），还有茎上长有纵棱的菊科的六棱菊（*Laggera alata*）。

短短的元江国家级自然保护区之行，我们几乎看遍了保护区内所有的生态系统类型，充分领略了元江保护区的植物多样性，收获很大，期待以后有机会再来学习。

岩溶深谷存幽兰：
雅长兰科植物

  2017 年 7 月，为开展珍稀濒危植物生态保护红线划定研究，我和同事从贵州望谟县经过长途跋涉，赶到广西壮族自治区百色市的乐业县，对雅长兰科植物国家级自然保护区进行了一次短暂的考察。乐业县地处广西、贵州两省交界处，这里的喀斯特（岩溶）地貌高度发育，是享誉世界的"天坑之都"，在全世界已发现的 13 个超大型天坑中，乐业就有 7 个，因此也被称为"世界天坑博物馆"。不为人知的是，这里独特的天坑地貌为神奇的兰花提供了良好的繁衍生境，兰花不仅种类多、数量大，而且分布密集，为此国家专门建立了雅长兰科植物自然保护区来进行严格保护。一天的实地考察，我们走访了位于花坪镇的管理站和科普展示园，以及黄猄洞天坑和封闭管理的兰科基因园，壮观的野生兰花居群和天坑地貌让人过目难忘。

自然天成的兰花乐园

  众所周知，兰科植物是高等植物最为特化的类群之一，兰科也是单子叶植物第一大科，是植物保护中的"旗舰"类群。全世界所有野生兰科植物种类（2 万多种）都被列入《濒危野生动植物物种国际贸易公约》，这就意味着我国所有的野生兰花都是濒危物种。兰科植物多数拥有超高的颜值，并且生性挑剔，对"居家环境"要求特别严格，一般生长在深山幽谷的山腰谷壁或峭壁上，透水和保水性良好的山坡上或石隙中，或者密林的林荫之下。这也是兰科植物很难进行人工栽培，而被列为珍稀濒危植物的原因。

  保护区处于滇黔桂三省结合部，自然生境十分复杂，森林覆盖度高，植被类型主要有亚热带常绿阔叶林、针叶林、季节性雨林、竹林、灌丛、草丛等，为兰科植物的生长提供了理想的条件。据不完全统计，全区共有兰科植物 52 属 148 种，约占我国兰科植物总数的 1/10，是一处自然天成的兰花乐园，被称为"中国兰花之乡"。行走在保护区内，山坡上、石壁上、树干上、岩缝里，几乎随处可见各种美丽的兰花，四季开

▲ 足茎毛兰群落及生境

▲ 带叶兜兰

花不断，随时都能闻到兰花淡雅的清香。林下，野生的足茎毛兰（*Eria coronaria*）和带叶兜兰（*Paphiopedilum hirsutissimum*）成片分布，蔚为壮观。虽然来的季节不巧，没能赶上开花，但如此大面积的兰花密集地生长在一起，也着实让我们大开眼界。

在高等被子植物中，菊科和兰科被视为最为发达，特化程度也最高的植物类群，就像我们人类作为灵长类在动物界是最为发达的类群一样。兰科植物的高度特化，指的是形态特征的多变，如叶片外形酷似莎草的莎叶兰（*Cymbidium cyperifolium*），在没有开花的时候，走过它的身旁，真的会让你认为是一丛莎草。棒叶鸢尾兰（*Oberonia cavaleriei*）通常附生在潮湿的岩壁上，植株倒悬生长，4～5枚肉质棒状的叶片呈扇形展开，特征明显，容易辨认。云南石仙桃（*Pholidota yunnanensis*）最吸引人的是那一颗颗近球形的假鳞茎，或弯曲成环状，或一字排开，附着在石壁上，如同一串宝石手串。除了林下和石壁上，还有很多兰科植物附生在大树上，如同寄生植物一般。走在林下，不时能看到高大的树枝上有一些绿色的鹿角状分杈，仅有分杈小枝条而没有叶片，这是一种名为钗子股（*Luisia morsei*）的附生兰花，因其植株外形似古代妇女的装饰物钗而得名。仔细观察一些树干，在上面还能看到名叫尖囊兰（*Phalaenopsis braceana*）的兰花，它的外形更为特化，根特化为扁平的条状，紧紧地贴附在树干上，就像科幻片中恐怖的寄生生物一样。

　　除了上面没有开花的种类外，我们在保护区内还拍到了一些正在开花的种类，花形和花色也高度特化，千姿百态。兜兰属的兰花，由于都长有一个很大的兜状唇瓣而得名，又因其花朵外形特化，被称为"女神拖鞋"或"拖鞋兰"，是兰花中观赏价值最高的种类之一，也是面临威胁最大的濒危种类。我们幸运地拍到了3种，其中杏黄兜兰（*Paphiopedilum armeniacum*）的花呈杏黄色且有斑点，花瓣肉质感强烈；亨利兜兰（*P. henryanum*）的花瓣带有紫褐色粗斑点；长瓣兜兰（*P. dianthum*）则长有两个超级细长的花瓣，两侧对称地呈螺旋形伸展开，就像两条大麻花辫。

　　为了让访客了解兰花，领略兰花之美，雅长保护区的生态科普园引种栽培了一些高颜值的种类。多花指甲兰（*Aerides rosea*）长有一根长长的花序轴，大量花朵密生其上，远看如同一根花棒。石斛属是兰科植物中的一个大属，我国共有近百种，观赏价值都很高，很多也是著名药材。我们共拍到了4种正在开花的石斛。长苏石斛（*Dendrobium brymerianum*）花朵大，呈金黄色，因其唇瓣的边缘特化为漂亮的长流苏而得名；钩状石斛（*D. aduncum*）花朵虽少，但花瓣为淡粉红色，唇瓣尖端类似小钩；聚石斛（*D. lindleyi*）植株较大，长有纺锤形的假鳞茎，密集附生在树干或岩石上，又被称为"上树虾"，盛开时几十朵花聚生在一起，色为橙黄，形如金币，非常美丽；

▲ 棒叶鸢尾兰

▲ 尖囊兰

▲ 云南石仙桃

另外，雅长保护区还是大名鼎鼎的铁皮石斛（*D. officinale*）原产地，这种石斛属植物因其神奇的药效，近年来被炒得火热，也是人工栽培最成功的一种兰花。

▲ 亨利兜兰

▲ 长瓣兜兰

▲ 多花指甲兰

▲ 聚石斛

▲ 长苏石斛

▲ 铁皮石斛

▲ 深裂沼兰

除了上面这些高颜值的兰花外，我们还拍到了一些颜值虽然不高，但却难得一见的稀有种类。例如深裂沼兰（*Crepidium purpureum*），属于地生兰花，生长在阴暗潮湿的林中地面上，植株矮小，盛开的紫红色花朵更加微小，簇生在花葶顶端。附近的平卧羊耳蒜（*Liparis chapaensis*）和一株尚未完全开放的线瓣玉凤花（*Habenaria fordii*）显得"姿色平平"，不仔细看甚至都不会发现。

独一无二的兰花保护区

雅长兰科植物保护区处在云贵高原向广西丘陵的过渡地带，其前身为广西国营雅长林场，由于兰花种类众多，引起专家学者的重视，2005 年经广西自治区人民政府批准建立了自治区级自然保护区，2009 年经国务院批准晋升为国家级，这也是我国唯一一个专门以野生兰花为主要保护对象，并以兰科植物命名的自然保护区。保护区范围涉及乐业县花坪镇、雅长乡和逻沙乡，东接大石围天坑群风景区，西邻南盘江，北起狗论山，南至草王山，东西长约 26 千米，南北宽约 18 千米，总面积 22 062 公顷。主体部分在花坪镇，建区时为了避免与广西另一处已建立的花坪国家级自然保护区重名，因此取名雅长兰科植物保护区。

为了严格保护珍贵的原生兰科植物生境，防止珍稀种类被外来人员盗挖，保护区管理局在花坪片区核心区内用铁丝围栏设立了一处兰科植物种质资源基因库，采取封闭式管理，并配备了视频监控探头。我们在保护区管理局辛荣仕高工的带领下，进入这片封闭区域，实地考察了这片兰科植物的原始生境。在严格的保护下，这里成为研究兰科植物的理想基地，不仅设置了固定监测样地，还配备有枯落物收集装置，路旁的指示标牌也经过精心设计，一些乔木树种还被挂上了解说标牌。

在种质资源基因库中，除了兰花外，其他植物种类也很多，黔桂黄肉楠（*Actinodaphne kweichowensis*）这种樟科黄肉楠属的小乔木正在果期，圆球形的果实上点缀着浅色斑点，看起来更像是楝树的果实。青冈（*Cyclobalanopsis glauca*）是壳斗科的常绿乔木，是我国分布最广的树种，也是南方常绿阔叶林的重要组成树种，也正处于果期，一个个小坚果被碗状的壳斗所包裹。粗糠树（*Ehretia dicksonii*）则是紫草科的落叶乔木，分布也很广，枝条上结满了绿色的核果。林下小灌木常见的有石斑

▲ 黔桂黄肉楠

▲ 石斑木

▲ 青冈

木（*Rhaphiolepis indica*），属于蔷薇科石斑木属，这种在南方分布很广的灌木不仅可以栽培用作园林绿化植物，其成熟的果实还可以食用。

神奇的黄猄洞天坑

看完种质资源基因库后，我们立即去了黄猄洞天坑，这里是保护区内的一处巨型天坑。在地质学上，天坑是指由陡峭而圈闭的岩壁包围而成，具有巨大容积的凹陷空间，属于特大型的喀斯特负地形。黄猄洞天坑是世界级大石围天坑群的重要组成部分，来到天坑旁边，爬上瞭望台，放眼望去，山体在这里仿佛突然被截断，竖直地凹陷下去，形成了一个巨大的水桶状大坑，深度可达100多米，气势雄壮。

我们沿天坑坑口修建的栈道走了一圈，圆形的坑口已长满自然植被，林下和路旁石壁上也自然分布有很多兰科植物，黄猄洞天坑是兰科植物的重要生境。仔细观察天坑的陡峭石壁，能看到很多类似溶洞里钟乳石的石头，这表明天坑和地下溶洞一样，都是喀斯特地貌的代表。俯瞰天坑底部，由于人类无法到达，坑底成为一片与世隔绝的世外桃源，密密麻麻地长满了自然植被，乔木、灌木和草本错落有致，郁郁葱葱，这种隔绝的小生境也成为很多独特物种的栖息地。

▲ 黄猄洞天坑

展望

　　作为我国难得的野生兰花聚集地，雅长保护区是十分珍贵的兰科植物种质资源库，具有极其重要的生态保护价值和科学研究价值。

　　未来，雅长保护区一方面可以继续做好兰科植物资源的保育工作，切实保护好这一珍贵的物种资源；同时，可适度地利用这一资源，通过依法依规开展生态旅游活动，进一步发挥好雅长保护区作为兰科植物生态教育基地和科普基地的功能；最后，在保护中要协调好与当地居民的关系，通过引导当地居民种植铁皮石斛、天麻等具有较高经济价值的兰科植物，合理利用，变资源优势为经济效益，带动当地居民脱贫，实现保护与利用的和谐。

第四章

滨海滩涂与
地球之肾

大自然织就的红地毯：
辽河口

　　大家都知道，红地毯代表着高贵、庄严或者浪漫，通常被用在特殊场合，人们走在红地毯上都会拥有愉悦的感觉。你能想象一下，当你漫步于一块无边无际的"红地毯"上时，是一种怎样的感受吗？在我国渤海湾盘锦市和凌海市交界的辽河入海口位置，每年的5月至10月间，这里的滩涂都会变成一块巨型的"红地毯"，仿佛是大自然织就的，蔚为壮观。由于具有重要的生态保护价值，早在1985年这里就被划建为自然保护区。我曾在2006年春季第一次来到这里，进行自然保护区外来入侵物种的实地调查，当时这里的名称是双台河

▼ 辽河口保护区

口自然保护区。2014 年夏季，当我第二次来到这里时，保护区已经更名为辽河口国家级自然保护区，原因是 2011 年辽宁省人民政府将原来的"双台子河"更名为"辽河"，为保持一致性，保护区也随之更名。在生态环境部 2018 年 9 月的例行新闻发布会上，我偶然看到了辽河口保护区因违规开发建设而被问责的消息，勾起了尘封在我脑海深处的关于红海滩的回忆。

渤海湾的原生态滨海湿地

辽河口保护区位于渤海辽东湾的顶部、辽河三角洲中心区域，涉及辽宁省盘锦市和凌海市，是辽河、大凌河、小凌河等诸多河流汇流入海之地，发育了大面积的河口冲积湿地。区内生境类型多样，既有浅海滩涂和河流水域，也有由芦苇、盐地碱蓬（*Suaeda salsa*）等湿地植物组成的大面积辽河口保护区沼泽，是国内保存得最好的河口湿地生态系统之一，具有极其重要的生态保护价值。辽河口保护区 1985 年被划建为市级保护区，1988 年经国务院批准晋升为国家级保护区，总面积 8 万公顷，以丹顶鹤（*Grus japonensis*）、黑嘴鸥（*Larus saundersi*）等珍稀水禽及滨海湿地生态系统为主要保护对象。2004 年辽河口保护区被湿地国际批准列入《国际重要湿地名录》，2005 年被《中国国家地理》杂志评选为"中国最美丽的六大湿地之一"。辽河口保护区为众多的野生动物提供了理想的栖息地、越冬地和迁徙停歇地，是东亚—澳大利西亚候鸟迁徙路线上重要的中途停歇站和能量补给站，每年迁徙季节，多达几十万只的鸻鹬类鸟儿从丹东鸭绿江口湿地保护区向南迁飞，经过辽河口时都会停歇补充能量，还有珍贵的白鹤（*G. leucogeranus*）、东方白鹳（*Ciconia boyciana*）等大型保护鸟类。这里还是全球最大的黑嘴鸥繁殖地，盘锦市也因此获得了"黑嘴鸥之乡"的称号。

为什么有如此众多的鸟儿都选择在辽河口保护区停留、休息，甚至安家落户呢？所有的这一切都归功于红海滩的缔造者，一种名叫盐地碱蓬的神奇植物。盐地碱蓬又名碱蒿、盐蒿、盐荒菜或荒碱菜，是苋科的一年生肉质草本植物，分布范围十分广泛，从北到南，从东部海滨到西部荒漠，只要是盐碱地，几乎都能发现它的身影。由于生性顽强，适应能力超强，能够生长在其他植物难以生存的高度盐碱"禁区"中，盐地碱蓬是一种典型的盐碱地指示植物。研究发现，盐地碱蓬不仅分布广，外貌形态也是多变的。在不同盐度的土壤中，它的个头也会发生巨大的变化，在低盐度区域呈现个头大、分枝多、体态蓬松的模样，颜色也是以正常的绿色居多；而在高盐度区域，如

▲ 原生态滨海湿地

滨海的潮间带，个头就变得很矮，分枝也很少，叶片肥厚呈肉质，颜色也变为红色或紫红色，并且盐度越高，颜色越红。变红的原因是盐地碱蓬茎秆和叶片细胞中的液泡组织含有大量的甜菜红素，所以呈现不同深浅的红色。

辽河入海口的滩涂区域由于盐度高，其他植物难以存活，而盐地碱蓬却可以大面积生长，成为优势群落，大片盐地碱蓬密集地生长在海滩上，厚厚的，如同地毯，一眼望不到尽头，真的是人世间极为壮观的自然景观。每年4月，盐地碱蓬种子萌发长出地面，初为嫩红色，到9月左右变为鲜红色，后逐渐转为紫红、暗红，直到枯萎，再次将种子播撒入土，周而复始。盐地碱蓬不仅能创造奇妙的景观，还浑身是宝，大量研究表明，盐地碱蓬是一种优质蔬菜和油料作物，早在20世纪60年代的三年困难时期，正是辽河口的盐地碱蓬让美丽的红海滩成为"救命滩"，附近的渔民和村民将采来的盐地碱蓬籽、叶和茎掺着玉米面蒸出红草馍馍，熬过了最艰难的岁月。在农药、化肥横行的当下，生长在荒野滩涂中的盐地碱蓬因为远离污染、丰富的营养和鲜美的滋味，成为备受青睐的无污染绿色野菜。

然而，对于辽河口保护区的盐地碱蓬，大自然赋予它的最大使命不仅是满足我们的口福，更是为滩涂生态系统中生存的各种野生动物提供食物，几乎所有滩涂生物都直接或间接依赖盐地碱蓬而生存，小到各种螃蟹、贝类，大到鸿雁（*Anser cygnoides*）、丹顶鹤等大型候鸟，盐地碱蓬也因此成为辽河口保护区食物链的重要基础。干枯的盐地碱蓬枝条还是包括黑嘴鸥在内的多种鸟类筑巢的重要原材料，盐地碱蓬群落也是很多小型鸟儿的隐蔽所。毫不夸张地说，正是有了盐地碱蓬的存在，才孕育了辽河口保护区丰富的生物多样性。

▲ 盐地碱蓬

苇海红毯，自然奇观

在辽河口的海滩上，一株株细弱的盐地碱蓬就是一个个开疆拓土的勇猛战士，顽强地扎根于荒漠一样的泥滩中，整齐划一，如同人工栽种一般，长为成片的红色地毯，幻化为让人震惊的自然奇景。国人自古就对于红色的自然景观怀有十分狂热的偏好，越是密集的红色往往越能吸引我们。正如日本人对于樱花季的疯狂追逐一样，我们也可以为了短暂的秋季红叶景观而四处奔走。辽河口的红海滩恰恰就是这样一种让人为之痴迷的密集红色，由于近年来的大力宣传，红海滩知名度不断提升，吸引了越来越多的人前来观赏。

辽河口保护区内不仅拥有大片的红色盐地碱蓬群落，还拥有号称亚洲最大的滨海芦苇群落，绿色的苇海配上红色的海滩，共同构成了一幅生机盎然、雄奇浩瀚的自然画卷。地方政府依托辽河口保护区这一独特自然奇观，沿海滩堤防公路修建了一条长达 20 千米的景观道路，于 2013 年正式打造了红海滩国家风景廊道景区，被称为"中国最精彩的休闲廊道"和"中国最浪漫的游憩海岸线"，并被文化和旅游部批准为5A级旅游景区，也是辽宁省优秀旅游景区。

目前，为方便游客近距离观赏红海滩，同时保护红海滩免受践踏破坏，景区在红海滩上修建了一些架空的木栈道和观景平台，弯弯曲曲地延伸至海滩深处，为单纯的红海滩增添了几分人文气息。漫步于栈道上，游客可以与盐地碱蓬进行亲密接触，仔细观察盐地碱蓬的外貌形态，以及滩涂上横行乱窜的小螃蟹和跳跳鱼等可爱的小动物。

在辽河口保护区内还能看到一种十分有用的野生植物——罗布麻（*Apocynum venetum*），它们分布范围广，适应能力强，数量非常多。罗布麻生长在盐碱荒地和河岸区域，又叫红麻、茶叶花、红柳子，是夹竹桃科的一种落叶小灌木。一看名字就知道，罗布麻富含优质纤维，其纤维比苎麻细，韧性比棉花大而柔软，是一种理想的新型天然纺织原料，有着"野生纤维之王"的美称；用罗布麻纤维精加工而成的织品具有透气性好、吸湿性强、耐磨损、柔软、抑菌等诸多优点。罗布麻的叶片还可以制作保健茶，具有平肝安神、清热利水的功效。我们在辽河口保护区考察发现，由于人类活动频繁，保护区内外来物种入侵的情况不容忽视，一些原产于国外的物种被有意或无意带入，并成功定居，威胁到本土物种。如

▲ 罗布麻

▲ 芒颖大麦草

芒颖大麦草（*Hordeum jubatum*），又名芒麦草，外形很奇特，原产于北美洲和欧亚大陆寒温带，名称中带有"大麦"两个字，也确实是大麦的亲戚，属于禾本科大麦属，其小花常退化为长长的芒状，因此得名。芒颖大麦草传入东北地区后，已经成为农田杂草之一，对辽河口保护区所在地著名的盘锦大米都造成了威胁。

展望未来，辽河口保护区的发展面临着 3 个方面的影响：一是油田开发的影响，保护区部分区域与我国第三大油田辽河油田存在重叠，对保护区和红海滩构成影响；二是旅游开发活动的影响，随着红海滩景区知名度的日益提高，游客数量将越来越多，景区也在建造旅游设施，这些都会对栖息的黑嘴鸥、丹顶鹤等珍稀鸟类造成影响；三是全球气候变化的影响，近年来极端天气频发，北方地区整体旱化趋势明显，保护区内的碱蓬群落和芦苇群落的自然演替进程也相应受到影响，甚至威胁到红海滩的自然景观。

辽河口保护区拥有得天独厚的优越条件，是渤海湾和辽河三角洲滩涂湿地生物多样性最丰富的地区，不仅具有极其重要的生态保护价值，还拥有很高的国际知名度和关注度，因此，保护好这片神奇的红海滩具有十分重要的意义。

消失的遗忘之鸥：
鄂尔多斯遗鸥

　　如果你在街头随机采访路人，问其遗鸥（*Larus relictus*）是什么动物，估计没有几个人能回答上来。其实，遗鸥是一种鸥科鸟类，20 世纪 30 年代被瑞典动物学家在中国内蒙古发现，直到 70 年代才被确定为一个独立的新物种，是最晚被人类命名的一种鸥类。由于长久以来被人类所"遗忘"，这种鸟才被命名为遗鸥。遗鸥数量稀少，是世界公认的濒危鸟类，在我国被列为国家一级重点保护野生动物。2012 年夏季，我因参加"全国生态环境十年变化（2000—2010 年）遥感调查与评估"的研究课题，前往内蒙古和陕西，对遗鸥曾经的和现在的繁殖地、栖息地进行了一次野外调查。在鄂尔多斯遗鸥国家级自然保护区，蓝天白云、荒漠植被依旧，但湖水没有了，可爱的遗鸥也消失了，这些原本应该在这里生儿育女的遗鸥们为什么要离开，又去了哪儿呢？

遗鸥曾经最主要的繁殖地

　　遗鸥被作为新种公开发表后，吸引了国内外很多学者进行研究。研究发现：遗鸥是一种迁徙性的候鸟，每年春夏季主要在中国、蒙古国、哈萨克斯坦和俄罗斯境内的咸水湖泊栖息和繁殖，秋天启程飞往我国天津和韩国滨海区域越冬。遗鸥是一个十分挑剔的家伙，它对产房的要求近乎苛刻，必须是干旱荒漠地区湖泊中的湖心岛才能满足它的要求。1987 年，中国鸟类考察队在内蒙古一个名叫桃力庙-阿拉善湾海子（桃-阿海子）的盐碱湖泊发现了遗鸥的繁殖种群。经后续的研究发现，这里是全球遗鸥最集中的分布区和最主要的繁殖地，数量最多时曾观察到 1.6 万只遗鸥，占全球总数的60%。为了有效保护这块遗鸥繁殖地，国家于 1998 年建立了鄂尔多斯遗鸥自治区级保护区，2001 年晋升为国家级。保护区位于内蒙古鄂尔多斯市东胜区和伊金霍洛旗境内，总面积 14 770 公顷，其中核心区 4 753 公顷，缓冲区 1 627 公顷，实验区 8 390公顷，主要保护对象为遗鸥繁殖地及内陆湖泊。这也是我国唯一一个专门以遗鸥作为

▲ 鄂尔多斯遗鸥保护区

▼ 干旱的核心区

▲ 干涸的湖底

保护对象的国家级自然保护区，2002 年被列入《国际重要湿地名录》。

然而，保护区处在我国著名的两大沙漠——毛乌素沙漠和库布齐沙漠之间，气候条件极为恶劣，年均降水量远小于蒸发量。加上近几十年全球气候变暖，保护区所在区域降水日益减少，生境条件也逐步退化和改变。随着时间的推移，每年前来保护区繁殖的遗鸥数量也直线下降，尤其是 2001 年至 2006 年间持续干旱少雨，遗鸥被迫背井离乡，远走他方。我们首先来到位于鄂尔多斯市东胜区泊江海镇上的东胜管理站，保护区邢局长热情接待了我们，并陪同我们一起进行了野外调查。在保护区核心区，一块界碑就像一位恪尽职守的士兵，坚守着自己的阵地，周围的核心区土地上长满了荒漠植被，曾经波光粼粼的桃-阿海子已经接近干涸，大面积的湖底暴露在空气中，如同一块块皲裂的龟甲。我们分别在湖底、岸边等不同区域采集了土样，并对核心区植被进行了样方调查。在曾经的湖岸边还能看到一座观鸟屋和一些旅游设施，伴随着主角遗鸥的离去，这些设施也早已荒废。

遗鸥曾经的"食住用品"

在 3 天的调查中，我们几乎走遍了整个保护区，但遗憾的是，并没有发现遗鸥的身影。但通过对遗鸥曾经最主要繁殖地的详细调查，我们发现了很多遗鸥曾经的"食住用品"。由于湖水绝大部分已经消失，10 多年前还存在的湖心岛，成千上万只遗鸥曾经理想的繁殖地，如今也和陆地连成了一片，被大面积的碱蓬和白刺等荒漠地区的特有植物所覆盖。身临其境，让人不由得发出感叹，真是沧海桑田，变迁不止。眼前的这些荒漠植物，很多都曾经和遗鸥有着密切的联系。例如，繁殖期遗鸥会收集白刺和锦鸡儿（*Caragana sinica*）等灌木细枝和枯黄的禾草筑巢。白刺是白刺科一种典型的荒漠植物，耐盐碱和干旱，肉质叶片能够保持水分。据研究报道，在夏季动物性食物不够吃的时候，遗鸥雏鸟会食用白刺酸酸甜甜如同红玛瑙一样的果实以补充养分。人们曾在遗鸥雏鸟粪便中发现过白刺的种子。核心区内虽然没有了大面积的水面，但在一些低洼处仍有一些小水洼。我们在浑浊的水洼中看到了一种比恐龙还要古老的小动物。这是一种名叫丰盛鲎虫（*Triops granarius*）的小型甲壳动物，最早出现在 2 亿年前的二叠纪，由于和生活在海洋中的另一种古老生物鲎外形

▲ 花背蟾蜍

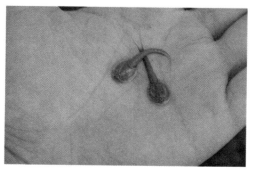

▲ 丰盛鲎虫

第四章 滨海滩涂与地球之肾 **207**

▲ 砂珍棘豆

▲ 尖头叶藜

▲ 蓼子朴

相似，因此得名。鲎虫长有 3 只眼睛，一个圆乎乎的脑袋和一条剪刀形的尾巴，又被称作三眼恐龙虾。能够在地球上生存几亿年而不灭绝，主要得益于它那超强的生命力，据说鲎虫的卵在湖水干涸后，可以休眠几年甚至几十年而不死，直到条件适宜时再孵化。水洼中丰盛鲎虫数量很多，仔细观察，你会发现它们的觅食姿势非常有趣，简直就像人类仰泳一样，肚皮朝天，用许多对小足不停地划动水流，过滤水中的有机碎屑。我们在水洼中还发现了一种体形很小的贝类，这都是当年遗鸥在保护区的重要食物。在调查中我们还看到了一些背部长有花纹的蟾蜍，数量挺多。查阅资料才知道，原来是花背蟾蜍（*Bufo raddei*），这种在草原地区生活的小型两栖动物个头比常见的中华蟾蜍（*B. gargarizans*）要小很多。有报道称，在繁殖季节，成年遗鸥会捕食保护区内的花背蟾蜍和它的蝌蚪来增加营养。真的想不到，遗鸥居然是如此重口味的家伙，饿了连"癞蛤蟆"都不放过。

除了丰盛鲎虫、花背蟾蜍这些遗鸥过去的食物外，在调查中我们还记录了很多鄂尔多斯遗鸥保护区内独特的荒漠植物。这些植物千姿百态，但无一例外都是适应荒漠恶劣条件的生存老手。如西伯利亚蓼（*Polygonum sibiricum*）和尖头叶藜（*Chenopodium acuminatum*）这两种植物，要么叶片很小，要么叶片表面长着白色的柔毛，以尽可能保持体内珍贵的水分。豆科的砂珍棘豆（*Oxytropis racemosa*）匍匐在沙地上，正在盛开紫红色的花朵。而同科的披针叶野决明（*Thermopsis lanceolata*）已经结果，长出一个个青色的豆荚。我们在沙地上还拍到了一株快要凋谢的沙苁蓉（*Cistanche sinensis*），这是一种荒漠地区的典型的寄生植物，植物中的"吸血鬼"，自身不进行光合作用，专门通过寄主的根从寄主体内吸取养分。沙苁蓉虽然名头不大，但它的亲戚肉苁蓉可是大名鼎鼎，不知道沙苁蓉这个小弟是否也具有大哥肉苁蓉的神奇药效。附近的沙生大戟（*Euphorbia kozlovii*）和砂引草这些家伙名字中带的"沙（或砂）"字更是清楚地说明了它们的生存环境。路边一棵紫葳科的角蒿（*Incarvillea sinensis*）正在盛开玫红色的娇嫩花朵，与干燥的荒漠环境显得有点格格不入。作为被子植物中的老大，菊科植物在任何生境中都是种类最多的，在鄂尔多斯遗鸥保护区内也不例外。如果没有看到蓼子朴（*Inula salsoloides*）的黄色小花，仅凭它那特化为肉质的叶片来看，我都不敢相信它是菊科大家族的成员。草地风毛菊的形态为适应荒漠干旱环境也发生了特化，叶片变得很小，茎变得扁平，盛开的紫色花朵还为其他小动物提供了捕猎场所。我们在一棵草地风毛菊（*Saussurea amara*）的花朵上就发现了一只隐藏的蟹蛛（*Thomisus sanguinolentus*），它利用伪装成功捕获了一只苍蝇，正在大快朵颐。

▲ 披针叶野决明

▲ 沙苁蓉

遗鸥曾经的"小伙伴"

在调查中发现，虽然遗鸥这个挑剔的家伙"固执地"追求湖心岛产房，另寻他处去生儿育女了，但是很多遗鸥曾经的"小伙伴们"没有放弃这里，依然在这里觅食、筑巢、栖息、嬉戏。由此可见，鄂尔多斯遗鸥保护区仍然是一处重要的野生动物栖息地，生态功能并未随着遗鸥的离去而丧失。我们在湖边看到了成群的蓑羽鹤，这种体形娇小的鹤类

▲ 角蒿

▲ 成群的蓑羽鹤

因为前颈部的羽毛特化延长披落下来，就像穿着一件蓑衣而得名。蓑羽鹤是我国仅有的 9 种鹤类中体形最小的一种，每年夏季都会来到鄂尔多斯荒漠化草原地带繁殖后代。由于数量稀少，它已被列为国家二级保护动物。保护区还是另一种大型鸭类——赤麻鸭（*Tadorna ferruginea*）的繁殖地。赤麻鸭全身长着赤黄褐色的羽毛，因此得名，非常容易辨认，它的分布范围非常广泛。保护区核心区内曾经的最大湖泊桃-阿海子虽然接近干涸，但在地势最低的地方还残存了一些难得的水面，为黑翅长脚鹬（*Himantopus mexicanus*）等涉禽提供了很好的觅食场所。黑翅长脚鹬，顾名思义，长着黑色的翅膀和细长的腿，非常适合站在浅水泥滩区域觅食。在干涸的湖底，我们还看到了獾（*Meles meles*）留下来的足印。獾是一种杂食性的哺乳动物，典型的投机主义者，夜间才会出来活动，在湖滩上寻找食物。

展望

考察完鄂尔多斯遗鸥保护区，心中感慨很多。在大自然面前，一切都是那么渺小

▲ 赤麻鸭

和无力。这个专门为保护遗鸥及其繁殖地而划建的自然保护区，却在残酷的气候变化背景下湿地锐减。在 2000 年至 2010 年的 10 年中，保护区内的生态环境发生了巨大变化，使遗鸥失去了湖心岛的繁殖条件，同时湿地的丧失也导致水生生物、湿地昆虫的减少，连锁反应迫使遗鸥搬家。可喜的是，尽管遗鸥暂时离开了这里，但保护区内的生态环境总体仍然保持良好，仍然发挥着多种珍稀濒危野生动物繁殖地和栖息地的功能。最近从保护区管理局传来新信息：近几年来，保护区针对水资源丧失导致的湿地退化、生境改变等问题，已陆续采取了很多恢复与补救措施，如疏通了 5 条保护区湿地的主要补水河道，拆除了一些堤坝；对保护区内部分农牧民利用率较低、对湿地萎缩造成影响的大口井、大型水库进行填埋，增加湿地地下径流补给量；在保护区内全面推行禁牧政策，减少对保护区原生生境的破坏等。希望通过长期不懈的努力，保护区的湿地生境能尽快改善，争取早日让消失的遗鸥重新回到这片家园中。

遗忘之鸥的新家园：
红碱淖

　　2012年的夏季，在结束了对遗鸥曾经的最主要繁殖地——内蒙古鄂尔多斯遗鸥国家级自然保护区的实地调查后，我们带着遗鸥究竟去哪里了的疑问，一路向东南，驱车150多千米，来到位于陕西神木县尔林兔镇的红碱淖自然保护区。在这里，我们终于亲眼见到了这种曾一度被人类遗忘的珍稀鸟儿，并对红碱淖保护区进行了一次调查。红碱淖保护区位于陕西省和内蒙古自治区交界的榆林市神木县境内，始建于1996年，

▼ 遗鸥群

由神木县人民政府批准为县级自然保护区，直到 2014 年底才由陕西省人民政府批准晋升为省级保护区，2018 年在多方推动下，经国务院批准晋升为国家级，以遗鸥为代表的珍稀濒危鸟类及其栖息地为主要保护对象。保护区总面积为 10 768 公顷，其中核心区 3 369 公顷，缓冲区 3 361 公顷，实验区 4 038 公顷。几天实地考察下来，所见所感让我们陷入了深深的思考中。

遗鸥的真面目

2012 年的红碱淖保护区，遗鸥几乎是随处可见。浅水中、湖心岛上、岸边沙滩上、草地上，甚至空中，到处都能看到这种头部呈黑色的美丽鸟儿。遗鸥还经历了一个曲折的正名史，最初被发现时，学术界曾对遗鸥的身世争论不休。有学者认为遗鸥或许就是在亚洲腹地繁殖的棕头鸥（*Larus brunnicephalus*），还有学者认为遗鸥是渔鸥（*L. ichthyaetus*）与棕头鸥杂交而产下的后代。直到发现了遗鸥的独立繁殖种群，遗鸥作为一个单独的物种的身份才正式得到承认。

从外形上看，遗鸥属于中等水禽，体长约 40 厘米。成年鸟整个头部都长有深棕褐色或黑色的羽毛，脖子上覆盖着雪白色的羽毛；背部呈淡灰色，体侧、身体和尾巴都是明显的白色。遗鸥体形匀称，不管是漂浮在水面上游泳觅食、站立在浅滩区域，还是伏卧在草地上休息，姿态永远都是那么优雅，拥有着贵族般的高贵气质。

遗鸥的新家园

由于鄂尔多斯的桃力庙–阿拉善湾海子水源接近干涸，遗鸥失去了原来的繁殖地，才被迫集体迁徙到红碱淖这个新家。这个新家园到底怎么样呢？红碱淖是陕西省最大的内陆淡水湖泊，据说也是中国最大的沙漠湖泊。2000 年已被《中国湿地保护行动计划》列入中国重要湿地名录。夏季这里长满了绿油油的青草，湿地植被十分茂盛，生态环境总体良好。从 2000 年开始，遗鸥陆续从鄂尔多斯飞过来，在红碱淖湿地繁殖栖息，数量也慢慢增多。根据监测资料，2006 年约有 3 000 对遗鸥前来筑巢繁殖，共筑了 2 985 个鸟巢。到我们实地调查的 2012 年，共监测到 7 000 多个鸟巢，这里已经成为全球最大的遗鸥繁殖基地，全球 90% 以上的遗鸥都来这里进行繁殖。遗鸥每年 4 月初从越冬地飞来，5 月开始产卵孵化，6 至 7 月育雏，8 月下旬再飞离红碱淖。

▲ 红碱淖湖

▼ 湖边茂盛的湿地植被

我们知道，遗鸥对繁殖地十分挑剔。这里能够成为遗鸥新的繁殖地，最主要的原因是红碱淖湖中有一些四面环水的小岛。虽然距离岸边最近只有几百米，但这几百米的距离给遗鸥提供了一个安全、宁静的产房环境，让它们没有后顾之忧，免受天敌的偷袭与伤害。我们站在岸边远望湖中的鸟岛，能看到岛上全是鸟巢，还有很多当年刚孵化的幼鸟。为了实时对遗鸥繁殖群体进行监控和保护，保护区在岛上不同位置分别安装了摄像头。

湖心岛产房有了，还要有充足的食物才行。我们在红碱淖湿地也发现了多种遗鸥爱吃的口粮。湖岸附近有很多小水洼，是花背蟾蜍的重要产卵场。每年6月左右大量的花背蟾蜍在这里交配产卵，孵化的蝌蚪和花背蟾蜍成体都是繁殖期遗鸥的丰盛大餐。在一些即将干涸的小水洼中，成群的蝌蚪拥挤在一起，正在等待着死亡降临。对于饥饿的遗鸥来说，这一个个小水洼简直就是免费的自助餐厅啊！在红碱淖湖水中，我们发现了数量惊人的小虫子，长着细长线形的身体，在水流中不停蠕动。很多遗鸥浮在水面上，正在大口吞吃。查阅资料才知道，这种小虫子原来是摇蚊的幼虫，每年夏季大量的摇蚊在湖中浅水区域产卵，孵化出的摇蚊幼虫又成为遗鸥可口的食物。湖边草丛中还飞舞着很多长着鲜艳蓝色身体的蓝纹螅（*Coenagrion dyeri*），这是一种体形娇小的肉食性昆虫，是大家熟悉的蜻蜓的远房亲戚。可惜它在捕食别的小虫的同时，自己也成为遗鸥的主要食物。如此种类繁多而丰富的食物，自然不能被遗鸥所独享。我们在湖边也发现了很多遗鸥的亲密"小伙伴"，如在鄂尔多斯遗鸥保护区也看到的黑翅长脚鹬，还有长相酷似遗鸥的棕头鸥，长着奇特上翘嘴巴并因此得名的反嘴鹬（*Recurvirostra avosetta*）等，这些鸟儿也盯上了这里肥美的水草，成为与遗鸥和睦共处的好邻居。

红碱淖保护区湿地植物种类非常多，尤

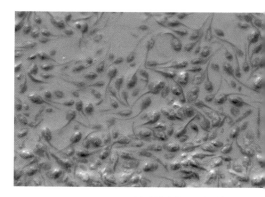

▲ 遗鸥的食物——蝌蚪

▲ 遗鸥的食物——蓝纹螅

其是在湖岸边，沼泽草甸植被非常典型，主要是一些喜湿润的莎草科植物，如红鳞扁莎（*Pycreus sanguinolentus*）、水葱、扁秆荆三棱（*Bolboschoenus planicalmis*）和藨草（*Scirpus triqueter*）等，这些莎草科植物为其他小动物提供了很好的隐蔽场所、觅食地和栖息地。在草地上我们还发现了一株正在开花的绶草（*Spiranthes sinensis*），这是一种分布范围很广的兰科植物，通常生长在草地上，花序结构非常奇特，很多紫色小花呈螺旋形长在笔直的花序轴上，如同一条盘绕在柱子上的蛟龙，并且根部长有手指状的肉质根，像人参一样，因此绶草又被叫作盘龙参。在沼泽草甸中，有一种叶片呈肉质，如同韭菜一样的小草本植物引起了我们的注意。这种植物乍看起来像莎草科植物，但花序又像双子叶植物，回来鉴定才发现是水麦冬科的水麦冬（*Triglochin palustre*），全草都有毒，如果食用过多的话，能够引起呼吸麻痹致死，真是太可怕了。红碱淖保护区除了湿地植物外，在靠近陆地的外围还有一些典型的沙地植物。如砂蓝刺头（*Echinops gmelinii*），这种菊科植物长着圆球状的头状花序，叶片和茎上都有刺，是温带荒漠地区的指示植物之一。我们还拍到了正在开花的华北白前（*Cynanchum mongolicum*），这是夹竹桃科的一种直立的草本，被誉为草原退化的标志物种之一，数量越多，表明草原退化越明显。

▲ 红鳞扁莎

▲ 水麦冬

▲ 水葱

▲ 砂蓝刺头

▲ 绶草

▲ 华北白前

新家园的威胁因素

　　全球气候变化导致的区域降水减少、持续干旱等问题正在威胁着红碱淖的生态环境。根据相关报道，从 2006 年至今，红碱淖水位正在以每年 30 ～ 60 厘米的速度下降，水面持续萎缩，湖水 pH 不断增高，水质下降，原本适生的 17 种野生淡水鱼相继绝迹。水位的不断下降还导致湖心岛数量急剧减少，从 2000 年的 13 个缩减到如今的 3 个，直接导致遗鸥繁殖地面积缩小。同时红碱淖周边地区荒漠化进程也在加快，导致遗鸥的食物摇蚊逐年减少。据中科院卫星遥感影像资料测算，1997 年红碱淖湖面为 55 平方千米，到 2013 年仅剩下 32 平方千米。

展望

目前全球 90% 以上的遗鸥都在这里繁殖，保护好红碱淖的意义已不用再强调，但如何才能保护好这块珍贵的湿地，避免重蹈鄂尔多斯遗鸥保护区的覆辙，才是我们需要认真思考的。鄂尔多斯遗鸥保护区没水了，遗鸥还能迁徙来红碱淖繁殖；如果这里再没水了，湖心岛也没有了，还有哪里能成为遗鸥的下一站呢？

所幸的是，现在已有越来越多的人逐渐了解、认识了遗鸥这种珍稀濒危鸟类，正在为遗鸥未来的命运积极努力。2018 年，红碱淖保护区晋升为国家级保护区，获得国家的重视与支持。只有让更多的人了解到遗鸥现在面临的困境，共同采取措施，尽快扭转红碱淖生态环境退化的趋势，才能保住这块遗鸥最后的繁殖地，让红碱淖这颗"塞上明珠"继续散发璀璨的光芒，也让可爱的遗鸥不用再次"流浪"。

蒙新河狸的伊甸园：
布尔根河谷

2016 年 8 月，因参加国家级自然保护区管理评估，我来到位于新疆维吾尔自治区阿勒泰地区青河县境内的布尔根河狸国家级自然保护区。这里地理位置极为偏僻，我们先从乌鲁木齐乘坐飞机前往富蕴市，再乘车 3 小时才能到达保护区所在地塔克什肯镇。布尔根河狸保护区始建于 1980 年，由新疆维吾尔自治区人民政府批准建立，2013 年经国务院批准晋升为国家级。保护区以布尔根河河道干流为中心，自中蒙两国边境线开始河道两侧各 500 米范围内均属于保护区范围，总面积 5 000 公顷，主要保护国家一级重点保护动物蒙新河

▼ 蜿蜒流淌的布尔根河和绿洲

狸（*Castor fiber birulai*）及其栖息生境。保护区虽然面积很小
（仅大于伊犁小叶白蜡、温泉新疆北鲵和巩留野核桃保护区），
在整个新疆保护区中排倒数第 4 位，但却是我国目前唯一一
个专门以河狸及其生境为主要保护对象的国家级自然保护区，
也是蒙新河狸在国内最主要的栖息地，具有极高的保护价值。
在两天的实地考察中，尽管没能看到河狸的活体，但见到了
它修建的水坝、巢穴，它的活动通道、脚印，它啃断的树枝等，
在保护区管理站还见到了河狸的实体标本，让我们收获很大。

荒漠中的布尔根河谷

　　在介绍故事主角之前，得先说说保护区独特的自然环境。
大家都知道，新疆维吾尔自治区地域辽阔，以荒漠戈壁为主，
布尔根河狸保护区所在的塔克什肯镇也不例外，从富蕴机场
一路过来，一路上都是荒凉的荒漠景观，直到进入布尔根河
谷时，才开始看到明显的绿色。这是准噶尔盆地东部一条侵
蚀冲积形成的河谷地段，属于阿尔泰山东南部典型的洪积平
原，在自然景观上具有典型干旱、半干旱荒漠及湿地隐域性
景观特性，河流两岸先是一段平坦的丘陵，然后是高耸的山
地，几乎所有的绿色植物都集中分布在河流两侧，形成了一
条狭长的带状绿洲。

▼ 河狸生境全景

▲ 河狸标本　　　　　　　　　　　　　　　▲ 夕阳下的布尔根河

　　布尔根河发源于蒙古国，携带着大量的淡水自东向西流入我国青河县境内，保护区的边界范围从口岸开始计算，下游曲长约 80 千米的河道及两侧绿洲就是保护区范围。从高处远望，河谷区域水面舒展平缓，岸线迂回曲折。由于河流改道以及洪水淤积而形成的大小不一的小岛如同一艘艘漂泊在河面上的绿色巨舰，河岸边是郁郁葱葱的柳树林，以及碧绿的草地。作为荒漠地区的生命之源，绿洲不仅是河狸的理想栖息地，也是当地哈萨克族居民的家园，他们的祖先在荒漠中逐水而居，定居于此，长期依赖于这片绿洲从事放牧和耕作活动，和古老的河狸一起分享着这片珍贵的荒漠绿洲。

动物界的"建筑工程师"

　　虽然很多人都听说过河狸的名字，但见过的人可能并不多。河狸是一种水陆两栖的哺乳动物，最早出现在北美洲，历史上曾广泛分布于整个欧洲、北美洲以及亚洲的北部。现存的河狸仅有一属两个种，一种是只分布于北美洲的加拿大河狸（*Castor canadensis*），另一种则是分布于欧亚大陆北部森林河流地带的欧亚河狸。而保护区内的河狸是欧亚河狸的亚种之一，因为分布于蒙古国和我国新疆地区，又被称为蒙新河狸。由于河狸对生活环境的要求非常高，分布地域十分狭窄，又有着昼伏夜出的"夜猫子"习性，难怪很多人都没有见过它了。

我们连续两个傍晚都来到河边寻觅它的身影，也许是人多嘈杂，生性胆小的河狸害羞得没有露面。直到在保护区管理站中近距离地看到河狸标本，才发现它的体形如此巨大，和狗差不多。从外形上看，河狸就像是一只巨型的老鼠，虽然是吃素的，却长得胖乎乎的。河狸在分类学上属于啮齿目河狸科，成年河狸体长可达80多厘米，体重最大接近30千克。由于河狸主要以杨柳树皮为食，并且有伐树建坝的超强本领，因此河狸进化出了巨大而发达的门齿。为了适应水中的生活，长出了带有蹼的脚掌，以及一条扁平无毛布满鳞片的奇怪尾巴，游泳时发挥船舵的作用，据说还能拍击水面发出声响警告同类危险来临。河狸不仅皮毛珍贵，还长有一对香囊，可以产生散发浓郁香气的液体，研究表明，河狸香的生物学功能主要是标明家族巢穴领地范围和用于个体间交流，干燥后的河狸香和麝香一样是一种名贵的动物香料，却给河狸带来了杀身之祸。

河狸不仅外形奇特，更是动物界里技艺高超的"建筑师"，会构筑结构巧妙的巢穴和拦水坝，其精细程度和实用性甚至

▲ 河狸带蹼的后脚掌

▲ 河狸扁平且长有鳞片的尾巴

▲ 河滩上河狸新鲜的脚印

▲ 咬断的树枝

让人类都惊叹。我们来到保护区的时间正值 8 月底的秋天，也是河狸活动最频繁的时候，每天傍晚太阳快落山的时候，河狸们开始从洞穴中钻出来，在岸边收集越冬的食物和筑巢材料，加固越冬巢穴。由于受到傍晚微弱光线和距离的限制，我们无法清晰地看到河狸的身影，但在两天的考察中，我们观察到了它们修建的地面巢穴、水坝、河滩地上的新鲜脚印、啃食痕迹和活动通道等，进一步加深了对这种可爱的动物的了解。

构造精妙的巢穴

河狸体形肥硕，在陆地上行动缓慢，加上视力较差，因此为了躲避陆地捕食动物，河狸进化出一种独特的巢穴结构，通常选择筑在人为干扰较少、树木茂密、隐蔽性好的河岸边，通常有夏季临时巢和越冬巢之分。其中夏季临时巢多数为洞穴式结构，结构较为简单，为了安全，洞口都开在水面以下，进入洞口后是一条 5 ~ 6 米长的通道，里面有 1 ~ 2 个膨大空间，铺垫上撕碎的木片、草根茎和枝条后，就是舒适的"二居室"了，供河狸春夏季节居住。越冬巢结构较为复杂，主要为洞穴和洞巢组成的结合体，洞道全长达到 20 ~ 30 米，洞口有

1～4个，与夏季巢穴不同的是，越冬巢的膨大空间顶部通常是由枝条和泥土堆积成的巨大地面巢堆，不仅保温效果更好，如果水位上升，河狸还可以啃咬膨大室顶部以扩大巢室空间。在实地考察中，我们就看到了一座巨大的越冬巢穴，长度约有4米，在河岸上是一个凸起的半球形巢堆，一直蔓延到水中，河狸需要潜水才能进入巢穴，真是太巧妙了。

独一无二的筑坝行为

据说河狸是自然界除人类之外唯一会修建水坝的动物。

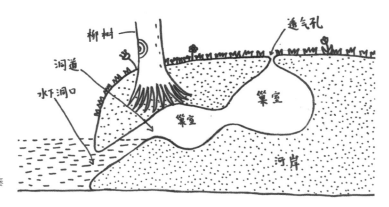

▶ 夏季临时巢穴（绘图：秦芷菱）

▲ 越冬巢穴的地面巢堆

▲ 越冬巢的水下入口

但是河狸为什么要辛苦地去修建工程量庞大的水坝呢？了解了河狸巢的结构后，答案就清楚了。由于河狸巢开口在水下，这是防御天敌的最巧妙之处，但河流水位飘忽不定，到了枯水季节，水位下降，原本在水下的洞口可能就直接暴露在空气中而失去了庇护。怎么解决这个问题呢？聪明的河狸选择了修筑水坝来抬高水位，保持水面稳定，这样就不担心洞口露出来了。河狸修筑水坝时就地取材，先用发达的门齿把大树树干啃断，把粗壮的枝干插入水底，然后将小的枝条填充在缝隙里，通过不断填入沙土、砾石和细枝条，最后建成一道结构坚固、不透水的水坝。有资料报道，在美国密西西比盆地曾发现河狸修筑了长达几百米的巨大水坝，坝体上甚至可以骑马通过。在考察中，我们在布尔根河主河道并未发现水坝，可能是因为布尔根河河面较宽，水量稳定，水位变动很小。我们在一个河汊中发现了一座小型水坝，水坝总长度接近 15

▼ 河狸修筑的拦水坝

▲ 土伦柳

▲ 金灯藤

▲ 疏花蔷薇

米，坝体由密集的柳树枝构成，挡水效果很好，坝上坝下水位落差接近2米，在附近还看到了河狸啃咬大树树干的痕迹，有一棵很粗壮的苦杨（*Populus laurifolia*）树干已经被河狸咬掉一大圈，还有一棵多年前被齐整整啃断的树的树桩。看到这座小型水坝，河狸精湛的技艺让人不由得感叹，真是大自然中天生的"土木工程师"啊！

丰富的物种多样性

河狸保护区虽然位于荒漠地区，但主要以荒漠绿洲为主，成为这一地区生物多样性最为丰富的区域。在短短几天的实地考察中，我们亲身领略了保护区内丰富的物种多样性。蒙新河狸在保护区内主要食物是苦杨、土伦柳（*Salix turanica*）和油柴柳（*S. caspica*）的嫩枝和树皮，也采食水葱、沼泽荸荠（*Eleocharis palustris*）和竹叶眼子菜（*Potamogeton wrightii*）等草本植物。目前保护区内人为活动干扰较小，植被基本保持自然状态，河狸喜欢采食的植物种类多，资源量也很大。

在河岸边的柳树林下，我们还发现了常用中药材甘草（*Glycyrrhiza uralensis*）。岸边的土伦柳树枝上悬挂了一串串紫色的圆球形果实，十分漂亮，仔细一看，原来是缠绕生长的金灯藤（*Cuscuta japonica*），这是旋花科的一种寄生藤本植物，植物界的"吸血鬼"，自身没有叶片，也没有叶绿素，完全依靠吸盘从寄主体内吸取营养。柳树林旁还有很多疏花蔷薇（*Rosa laxa*），长满了鲜红诱人的果实。距离河岸边稍远一点是盐碱度很高的河滩地，生长了一些耐盐碱的植物，例如叶片像小铲子的碱毛茛（*Halerpestes sarmentosa*），正在开花的有宽叶独行菜（*Lepidium latifolium*）、欧亚旋覆花（*Inula britannica*）和乳苣（*Lactuca tatarica*）。河滩区域还有两种灌木数量很多，一种是多刺锦鸡儿（*Caragana spinosa*），长着细长的尖刺，虽然已经进入果期，但还能看到少数仍在盛开的黄色小花；另一种名叫铃铛刺（*Halimodendron halodendron*），不仅圆乎乎的豆荚形状像铃铛，而且当你轻轻摇一摇豆荚时，内部干燥的豆子撞击干豆荚，会发出像铃铛一样的声音，枝条上也生长了很多尖刺，取名铃铛刺真是既形象又好记。

远离河岸的区域不仅盐碱化程度更高，而且更加干旱，接近荒漠生境，生长的植物也逐渐演替为适应干旱环境的荒漠种类。在干燥的地面上，长有很多形态奇特的旱生植物，其中白刺科的多裂骆驼蓬（*Peganum multisectum*）数量最多，叶片特化成刺状，正处于果期。盐生草（*Halogeton glomeratus*）的数量也不少，顾名思义，这是苋科一种非常耐盐碱的肉质植物，叶片特化成短圆柱形，可以从土壤中吸取盐分，轻轻咀嚼盐生草的嫩枝，会有浓郁的咸味。盐生假木贼（*Anabasis salsa*）是苋科一种矮小的超旱生半灌木，枝条粗糙，因含盐量很高，外形有点像蕨类植物木贼而得名。还有一株长枝木蓼（*Atraphaxis virgata*），枝顶生长着粉色的果实。我们还见到了

▲ 铃铛刺

▲ 多刺锦鸡儿

▲ 多裂骆驼蓬

▲ 黄花软紫草

▲ 盐生假木贼

一种正在开小黄花的美丽植物，查阅资料才知道，原来是紫草科的黄花软紫草（*Arnebia guttata*），植株长满了茸毛，黄色的小花内侧还有黑色斑点。

保护区在动物地理区划上属于古北界、中亚亚界、蒙新区、西北荒漠亚区、准噶尔盆地小区东北缘，良好的自然生境孕育了种类繁多的野生动物。由于当地哈萨克族居民没有吃鱼的习惯，外来人员很少，无人捕捞，所以布尔根河中鱼类很多，我们在岸边柳树丛下就发现了很多湖拟鲤（*Rutilus rutilus* subsp. *lacustris*），这是一种外形像鲤鱼的北方特有鱼类，在布尔根河中较为常见。不时能看到一些黑耳鸢（*Milvus lineatus*）在头顶盘旋，这种猛禽以草丛中的鼠类为食物，在保护区食物链中发挥了重要的作用。我们在柳树林中还发现了一只攀雀（*Remiz pendulinus*）的鸟巢，悬挂在树枝上，只有一个专门的入口，整个鸟巢是用精心收集的柳絮和牛羊毛编制而成，外形就像一只棉花口袋，精细程度简直如同艺术品一样，既结实又美观。

保护优势与威胁因素

实地考察发现，布尔根河狸保护区总体上得到了很好的保护，河狸种群数量基本维持稳定，为什么能保护得这么好，有哪些保护优势呢？一是位置偏远，属于少数民族聚居地区，保护区偏僻的地理位置成为最主要的优势，我们观察发现，塔克什肯小镇外来人口很少，布尔根河河谷两岸是以哈萨克族为主体的少数民族聚居区，保护区范围内共有 4 个自然村，分别为阿克哈仁村、萨尔布拉克村、蒙其克村和西根村，直到 2006 年才通电，长期以来，当地人一直尊重并保护河狸，传统生产生活方式与自然较为和谐，人为破坏小。二是保护区紧靠塔克什肯口岸，这是我国和蒙古国间的一个季节性口岸，作为边境地区，实行严格的进入管理制度，外来人口难以进入，这也在一定程度上减少了外来干扰。三是保护区采取了一系列的保护措施，包括聘用社区协管员，冬季派工作人员驻村，开展"以饲代牧"补偿试点，冬季通过补贴青储饲料，禁止大牲畜进入河谷林啃食，实施"以煤代薪"补偿试点，对社区居民进行冬季煤炭补贴，以烧煤代替烧薪柴过冬。四是保护管理设施不断完善，保护区虽然晋升为国家级时间较短，但在界碑界桩标示系统、管理站点等保护基础设施建设方面取得了很大的进展。在考察中我们看到，在即将进入保护区时，公路上就有一座标示门架，提示过往的司机已经进入保护区；蒙其克村和水坝旁新建的管理站也即将启用，河狸保护站内新建成的河狸救护驯养池和专业实验室也即将投入使用。

然而，河狸保护区目前也面临一些很现实的威胁因素，如果处理不好，对于未来河狸的生存繁衍影响很大。首先是对河岸带柳树林被破坏，导致河岸被侵蚀速度加快，影响河狸筑巢地。由于全球气候变化，持续干旱等环境因素的影响，

▲ 攀雀的鸟巢

▲ 新建的河狸救护驯养池

部分区域河谷林密度出现下降，河岸经常发生塌陷，造成河水改道和水土流失，而蒙新河狸对布尔根河湿地的环境变化极为敏感，食物减少和栖息地环境的变化都可能导致河狸种群数量出现波动。其次是牧民冬季砍伐薪柴取暖以及打草对河漫滩草地上的杨树和柳树幼苗更新造成影响，农业村农药化肥的使用造成一定程度的污染。四周荒漠草场的开发导致农牧业用水增加，使布尔根河流域河道水位下降。

展望

短短的考察虽然结束了，但怎样保护好蒙新河狸这一珍贵的保护动物，让它们能够在这片资源条件得天独厚、位置偏远、人为干扰相对较少的国内唯一分布区更好地活下去，并且让我们的子孙后代能都见到它们，成为一个需要认真思考的问题。

首先，我们要加强保护河狸的宣传教育和科学研究。目前，国内对河狸的了解较少。另外，河狸主要为水栖动物，昼伏夜出，难得一见，目前还缺少有效的监测技术和手段，无法科学准确掌握其种群数量变化，只能通过统计巢穴数量来估计其家族数量。其次，加强对保护区内当地居民的相关宣传。目前，在保护区 50 平方千米的河道范围内，仍然生活有几千人，主要从事畜牧业和农业生产，要加强对保护区内居民环保意识的培养。同时，与相邻的蒙古国加强跨界合作与保护。布尔根河发源于蒙古国，蒙古境内的上游也有河狸分布，并且也已经建立了自然保护区，未来有必要和蒙古国方面加强联系，签订共同保护河狸的协议，互相学习与交流，探索跨界保护、合作保护的新模式。最后，要充分发挥"伞物种"的保护理念与优势。作为保护区的主要保护对象，蒙新河狸也是最具保护价值的"伞物种"和旗舰保护物种，在"伞物种"的保护理念下，其他伴生的野生动物，如水獭（*Lutra lutra*）、土著鱼类、鼬类、猛禽等动物的保护也需要得到重视。

作为我国准格尔盆地东部荒漠地区中一块重要的绿洲，保护布尔根河狸保护区，具有极其重要的价值和意义，保护区让更多的人认识河狸这种可爱的小动物，并了解这片美丽的土地。

呦呦鹿鸣，食野之苹：
石首天鹅洲麋鹿

　　在长满青草的大沼泽中，成群的犀牛（*Dicerorhinus*）和麋鹿（*Elaphurns davidianus*）徜徉着，这种景象说的不是非洲大草原，而是 2000 多年前的江汉平原和洞庭湖平原。战国时期文献《墨子·公输》记载"荆有云梦，犀兕麋鹿满之"，说的是楚国有一个叫云梦的地方，犀牛和麋鹿遍地可见。经考证，古时的云梦泽就是现在湖北省石首市长江沿线的湿地，这里曾经是我国特有的国家一级重点保护动物麋鹿的故乡。麋

▼ 雄麋鹿的"挂草"行为（摄影：张玉铭）

鹿在我国最初分布广泛，后来由于栖息地被破坏、被捕杀及战乱等因素在国内灭绝，后又被重新引入，是一种命运坎坷而富有传奇色彩的动物。为了让流亡海外的麋鹿回到故乡后得到严格保护，国家于 1991 年在九曲十八弯的长江中游地区，将这处名叫天鹅洲的长江故道划建为麋鹿自然保护区。

我对天鹅洲麋鹿保护区有着深厚的感情，这里是我的博士论文研究地，从 2010 年开始，我先后 10 多次来这里开展调查研究，这里也成为我到访次数最多的自然保护区。春来夏往，秋去冬来，我在保护区内洒下了无数汗水，也和区内的麋鹿们、一草一木、各种可爱的小动物结下了不解之缘，和保护区内的管理同志结下了深厚的友谊。每当回想起在保护区内的岁月，一点一滴尽上心头。

神奇的"四不像"和"麋鹿还家"计划

很多人也许都不知道，《封神演义》中姜子牙的坐骑就是麋鹿，它属于哺乳纲偶蹄目鹿科麋鹿属，因其长相具有"面似马非马、角似鹿非鹿、蹄似牛非牛、尾似驴非驴"的特点，而被称为"四不像"，是我国特有的珍稀濒危鹿科动物，也是国家一级重点保护野生动物，被世界自然保护联盟（IUCN）列为 EW 级（野外灭绝）。根据考证，麋鹿最初是由法国博物学家兼传教士阿尔芒·戴维德（Fr Jean Pierre Armand David）于 1865 年在北京城南的南海子皇家猎苑发现的，并以戴维德神父的名字进行命名。麋鹿外观似驯鹿（*Rangifer tarandus*），长着长而宽大的蹄子，成年雄鹿肩高约 130 厘米，体重可达 150 ~ 220 千克。麋鹿最显著的特征是独特的长尾巴，末梢似流苏。麋鹿喜欢成群结伙地在沼泽、滩涂等湿地里活动，在草丛里觅食，在苇丛中休息。每年 5 月中下旬，成年雄鹿会为了争夺交配权大打出手，通过战斗决出最强壮的鹿王，独享众多的"后宫佳丽"。威武的鹿王还有奇特的"挂草"行为，即将水草缠绕在鹿角上进行装饰炫耀。母鹿怀孕期一般为 250 ~ 280 天，春季产崽，每胎产一崽。

研究发现，麋鹿的起源时间为 200 多万年前的早更新世晚期，已发现的化石也证明了野生麋鹿曾广泛分布于我国东部沼泽平原。然而，随着人类大肆猎捕和麋鹿栖息地的不断丧失，我国野生麋鹿种群逐渐绝迹，最后仅存 300 头驯养种群保存在北京南海子皇家猎苑内，直至 1865 年被戴维德神父发现，鉴定为鹿科新种，轰动世界。1894 年，北京永定河洪水泛滥，冲毁了皇家猎苑的围墙，导致大多数麋鹿逃散。1900 年八国联军攻占北京时，皇家猎苑中剩余的麋鹿也被掠夺带至国外，国内最后一只麋鹿于 1920 年死于北京万牲园，从此麋鹿在中国绝迹。

幸运的是，英国的十一世贝福特公爵为保护这个珍贵的物种，花重金购买了散落在世界各地的 18 头麋鹿，放养在乌邦寺庄园里，通过精心照料，乌邦寺麋鹿种群逐渐发展壮大，到 1939 年已达 255 头，成为当时世界上最大的麋鹿种群。1985 年，我国环保部门与英国签订了《麋鹿重引进中国协议》（又称"麋鹿还家"计划），第一阶段从英国重引回 22 头麋鹿，在北京皇家猎苑旧址南海子重建麋鹿苑，首先恢复人工圈养种群；第二阶段是选择适合麋鹿生活的自然湿地，建立自然保护区，使麋鹿重回家园，恢复自然种群。

1989 年，经过中外专家细致的论证与考察，认为湖北石首天鹅洲湿地为最理想的麋鹿生境，这里不仅是历史上的原始分布区，还保存有大面积的天然芦苇沼泽地，可以为麋鹿提供足够的食物、水和隐蔽环境，同时是典型的江河泛滥湿地，完全满足麋鹿生活习性等各方面的需求。1991 年 11 月，经湖北省人民政府批准，石首天鹅洲 1 567 公顷芦苇沼泽地被划定为省级麋鹿湿地自然保护区，随后分 3 批从北京麋鹿苑引进了 94 头麋鹿开始进行野化放养，1998 年经国务院批准，晋升为国家级保护区。经过 20 多年的繁衍生息，目前野生种群已达到 1 100 多头，麋鹿也因此成为我国除普氏野马（*Equus caballus*）和高鼻羚羊（*Saiga tatarica*）外，仅有的几种曾经野外灭绝而重引入成功的旗舰物种。

石首麋鹿国家级自然保护区

石首麋鹿保护区位于湖北省西南部，荆州市下辖的石首县级市境内，处于长江北岸故道江汉平原与洞庭湖平原相交处。由于开发历史悠久，曾经一望无际的沼泽湿地已被开垦为农田，成为人口密集的粮食主产区，自然面貌发生了巨大的变化。但保护区所在的天鹅洲湿地，紧靠长江，总面积约 1 567 公顷，面积虽小，却环境优越、水草丰茂、四季分明，是麋鹿的理想家园。保护区在成立之初就设立了独立的管理处，共有 20 多名管理人员，区内无常住居民，无工矿企业。周边共有 6 个自然村，2 000 多户，1 万多人。当地居民主要以农业生产为主，种植小麦、棉花等作物，副业有养殖、种植及收割芦苇等。

建区以来，保护区管理处白手起家，经历了艰苦的开创阶段，有效利用自然保护区能力建设专项资金，率先完成土地勘界，界标桩、等界标示系统的建设，形成了长达 20 千米的围栏、水上防逃网、防火沟渠、防汛平台和生物屏障带等基础设施，添置了基本的动物救护设备。石首麋鹿保护区也是开展麋鹿行为和习性研究的最佳天然实验室，多年来，保护区与国内外众多科研机构合作，定期开展资源本底调查，针对麋鹿遗传学、行为学等方面开展了大量研究。

同时，保护区针对自身的特点，实施精细化管理。建立巡护制度，每天安排专人密切观测麋鹿种群动态，做好观测记录。建立远程视频监控塔，大力整顿区内秩序，坚决制止无关人员随意出入保护区，严厉打击区内电鱼、毒鱼等违法行为。冬季保护区内天然草料不足，保护区种植一些冬小麦进行合理补饲；定期采用辅助手段清除有毒有害杂草，提高区内生境质量。麋鹿重引入的成功结束了我国上百年来无野生麋鹿的历史，石首麋鹿保护区也成为理想的户外科普基地，2013 年被原环境保护部和教育部命名为"全国中小学环境教育社会实践基地"。在多方支持下，保护区目前已建成了带有荆楚风格的麋鹿宣教中心（麋鹿馆）和管护基地。

然而，由于目前保护区采取的是网围栏的保护模式，随着圈养麋鹿数量的不断增加，保护区内生态环境也在发生退化，湿地逐渐旱化，植被也由湿生植物群落向旱生植物群落演替，水芹（*Oenanthe javanica*）、益母草（*Leonurus artemisia*）和天蓝苜蓿（*Medicago lupulina*）等麋鹿喜欢吃的植物被优先采食，接骨草（*Sambucus javanica*）、苍耳（*Xanthium strumarium*）、葎草（*Humulus scandens*）等麋鹿不采食或很少采食的有毒有害杂草越来越多。同时，由于数量的不断增多，麋鹿免疫力下降，健康状况日益受到疾病的威胁，例如 2010 年夏初，天鹅洲麋鹿就曾因感染魏氏梭菌而造成大量死亡的事件。此外，保护区虽然有围栏与外界阻隔，但周边人口密度大。世代居住于此的当地居民一直依赖该区域的自然资源而生存，包括放牧、挖野菜、捕鱼等，甚至还有少数居民无视法律规定，偷偷进行电鱼等违法活动，对麋鹿的栖息环境造成一定程度的干扰。

水草丰美的江畔湿地，充满诗意的湿地花园

天鹅洲麋鹿保护区在地貌上属典型的近代河流相冲积、洪积物堆积而成的洲滩平原。受一年一度的长江江水泛滥的影响，以及洞庭湖湖水的顶托，这一段江水流速降低，泥沙淤积，具有周期性涨落、干湿交替的特征，在天鹅洲形成大片的芦苇沼泽湿地。自然植被形成了从水生植物、湿生植物到半湿生植物、草地植物和树林的群落演

▲ 长江故道湿地   ▲ 大面积的苔草群落

替规律。

　　江滩区域是麋鹿每日重要的休憩场所，由于被频繁踩踏，始终保持泥泞状态，几乎寸草不生，从光滩到陆地，逐渐长出薹草属、蓼属、灯心草属植物为优势种的半湿生草本植物，随着向陆地区域的延伸，狗牙根（*Cynodon dactylon*）、水芹、多种豆科植物、芦苇和荻（*Miscanthus sacchariflorus*）群落开始大面积生长，这里也是麋鹿的主要觅食场所。在保护区内，高大乔木相对较少，原生的旱柳在江边成片生长，成为保护区内最具意境的自然风景，另一种常见乔木是人工种植的意杨，这两种乔木形成的林地是怀孕母鹿生育的理想产房。

　　保护区不仅是麋鹿的百草园，在特定季节还是鲜花盛开的花园。这里土生土长的很多植物，如荻、粉团蔷薇（*Rosa multiflora* var. *cathayensis*）等在古代就被文人墨客不断赞美，走在保护区中，能感受到浓浓的诗意。每年秋季，保护区内随处可见大片的荻花，白色的花序迎风招展，映现在长江故道中，"枫叶荻花秋瑟瑟"的意境扑面而来。而春季盛开的粉团蔷薇花朵大而密集，香气浓郁，一阵微风吹来，立马让你感受到什么叫作"满架蔷薇一院香"。河滩上成片盛开的蓼子草（*Polygonum criopolitanum*），虽然身材矮小，但每年集中开花时，大片的草地彷佛铺上了一层粉色的毛毯，真的是"一夜好风吹，新花一万枝"。

麋鹿的百草园

根据多年的调查统计，保护区内共发现有野生高等植物约72科205属298种，其中草本植物占绝对优势，据保护区管理处李鹏飞副主任等长期观察，有125种植物可以被麋鹿采食，这意味着保护区内有近一半植物都是麋鹿的食材，真是麋鹿的百草园啊。

经观察发现，麋鹿最喜欢采食的植物主要有野大豆（*Glycine soja*）、天蓝苜蓿、紫云英（*Astragalus sinicus*）、水芹、牛膝、牛鞭草（*Hemarthria sibirica*）、狗牙根、益母草和小马泡等。其中野大豆是保护区唯一一种国家二级重点保护野生植物，数量很多，嫩茎叶和豆角营养丰富，是麋鹿的优质食材。天蓝苜蓿和紫云英在早春季节随处可见，分别盛开鲜黄色和紫红色的花朵，这两种豆科植物由于根部长有根瘤，是很好的固氮植物，对于改良土壤肥力有着重要作用，并且幼嫩的天蓝苜蓿和紫云英滋味鲜美，不仅麋鹿爱吃，也是南方地区常吃的野菜。水芹，顾名思义，是一种长在水边的野生芹菜，带有浓郁的芹菜芳香，也是江南地区常见野菜。小马泡（*Cucumis*

▲ 野大豆

▲ 小马泡成熟果实

▲ 紫云英   ▲ 水芹

bisexualis）是一种很有意思的小草本植物，因为外形酷似袖珍版的小甜瓜，又被叫作小野瓜，属于葫芦科黄瓜属，分布很广泛。刚长出的小马泡果实呈青绿色，成熟后逐渐变为黄色，大小如同乒乓球，散发出诱人的甜瓜香味，除了瓜子大而多外，口感还是很不错的。保护区内还生长着很多益母草，这种著名的妇科良药不仅具有药用价值，幼嫩植株也是麋鹿最喜爱的口粮之一，夏季能看到漂亮的紫色花朵一轮一轮开放在亭亭玉立的植株上。草地上的狗牙根和牛鞭草数量很多，生长速度快，繁殖能力强，也是麋鹿的主要食物。

　　麋鹿采食具有明显的季节性，不同季节会挑选不同的"时令蔬菜"来食用。春季时分，蒌蒿、芦苇幼芽、田字苹（*Marsilea quadrifolia*）、鸡眼草（*Kummerowia striata*）等新鲜出炉，成为麋鹿采食时的首选食物。蒌蒿（*Artemisia selengensis*）又名芦蒿、渔蒿，是一种分布于长江中下游地区河滩上的蒿属植物，早春时节从土中抽出紫色的嫩茎，带有独特的清香气味，"蒌蒿满地芦芽短，正是河豚欲上时"说的就是这种江南地区的特产蔬菜。而田字苹也是长江以南地区的常见杂草，因为叶片由 4 片倒三角形的小叶组成，酷似汉字"田"而得名，嫩叶带有微微的酸味，可以作为野菜食用。此外，双穗雀稗（*Paspalum paspaloides*）在早春季节也十分常见，这种禾草通常长有成对的小穗。具刚毛荸荠（*Eleocharis valleculosa* var. *setosa*）通常长在浅水中，是人们经常食用的荸荠（马蹄）（*Eleocharis dulcis*）的近亲，长有绿色圆柱形茎秆，嫩时常被麋鹿采食。

到了夏秋季，保护区内草木繁盛，是麋鹿食物最丰富的时期。麋鹿主要食用的植物包括大狗尾草（*Setaria faberi*）、金色狗尾草（*S. pumila*）、翼果薹草（*Carex neurocarpa*）、鸡眼草和蒲公英（*Taraxacum mongolicum*）等。狗尾草和狼尾草（*Pennisetum alopecuroides*）十分常见，其中狗尾草的穗状花序呈毛茸茸的细条形，弯曲下垂像狗尾。而狼尾草植株更为强壮，花序也更为粗大，在保护区局部地区甚至能长成狼尾草优势群落。翼果薹草通常生长在水边，长有尖塔状圆柱形的穗状花序，十分容易辨认，用放大镜观察，能看到它的果囊长有微波状不整齐的锈黄色小翅膀，因此而得名。

很多野果在秋季成熟，富含营养，成为麋鹿进补的佳品，包括龙葵（*Solanum nigrum*）、杠板归（*Polygonum perfoliatum*）、萝藦（*Metaplexis japonica*）。龙葵分布极广，几乎全国各地都有，秋天时会结出一串串紫黑色的小浆果，带有明显的甜味，成为旧时农村小孩最常食用的野果。杠板归也是一种常见的野果，成熟的果实呈现少见的蓝色，味道酸酸甜甜，带有小刺的三角形叶片也可以食用，具有很浓的酸

▲ 蒌蒿

▲ 田字苹

▲ 杠板归

味。幼嫩的萝藦果实内部还没有完全纤维化，口感很好。冬季多数植物已经枯萎，麋鹿主要依靠残留的干草为食，是最难熬的艰苦岁月。

隐秘的野生动物园

石首麋鹿保护区不仅是天然的湿地植物园，优越的自然环境和茂盛的植被还为众多的野生动物提供了良好的栖息地和避难所。近年来，保护区引进了动物学、植物学等专业毕业生，填补专业技术人员的空缺，并购置了望远镜和单反相机等观测设备，在日常巡护中拍了很多珍贵而难得一见的精彩照片，基本摸清了保护区内野生动物的"家底"。现在的保护区，除麋鹿外，虽然没有大型兽类分布，但却有一些行踪诡秘、深藏不露的小动物生活在这里，它们多数昼伏夜出，生性胆小，平常难得见到。

最容易见到的兽类是华南兔（*Lepus sinensis*），就是我们平常所说的野兔，它们在保护区内衣食无忧，又没有天敌，其家族逐渐繁衍壮大，数量很多。普通刺猬（*Erinaceus amurensis*），我们在保护区内小道上遇见过好几次，这种胆小的动物浑身长满了尖刺，受惊时会立即蜷缩成一个刺球，将柔软的腹部保护起来，让捕食者无从下口。但是遇到了人类，刺猬这种笨拙的防御技能就变得一无是处，反而让它们成为唾手可得的猎物。常年的捕杀让野生刺猬的数量越来越少，而这种主要以昆虫等小动物为食的家伙对于维护生态系统稳定性具有重要作用。不久前，在保护区还意外地拍到了貉（*Nyctereutes procyonoides*）的清晰照片，这种外形既像狐狸又像浣熊的古老犬科动物是一个行踪隐秘的高级隐士，成语"一丘之貉"说的就是它，食性较杂，不管荤素，来者不拒。

保护区内没有大型肉食动物分布，食肉目鼬科的黄鼬（*Mustela sibirica*）居然成为保护区食物链顶端的动物。俗话说"黄鼠狼给鸡拜年，没安好心"，说的就是黄鼬，让人以为黄鼠狼专爱偷鸡吃，但研究发现，黄鼠狼只有在极端缺食的情况下，才会吃鸡。现实中的黄鼠狼长着细长的瘦削身材和短小的四肢、黄色的毛皮，正如它的别名那样，主要以鼠类为食，是"黄色的吃老鼠的狼"。石首麋鹿保护区不仅包括陆地区域，还有一些水域，与另一个保护区——湖北天鹅洲白鱀豚国家级自然保护区紧挨在一起，因此在石首麋鹿保护区的水域中还能经常看到长江江豚（*Neophocaena asiaeorientalis*）这种可爱的国家一级重点保护动物。

保护区内两栖爬行类动物种类也很丰富。最常见的蛙类是黑斑侧褶蛙（*Pelophylax*

nigromaculatus），也叫黑斑蛙，是我国分布最为广泛的一种蛙类，体形较大，因绿色的身体上长有黑色的斑纹而得名，捕食各种有害昆虫，是庄稼的好卫士，由于肉味鲜美似鸡肉，又被称为田鸡，也因此被大量捕杀，数量急剧减少，已被列入《国家保护的有益的或者有重要经济、科学研究价值的陆生野生动物名录》，即所谓"三有动物"名录，受到严格保护。另一种常见蛙类名叫湖北侧褶蛙（*P. hubeiensis*），和亲戚黑斑蛙不同的是它的身体表面没有黑斑，也是食虫高手。相貌丑陋的中华蟾蜍，就是大家都认识的癞蛤蟆，数量也很多，行动迟缓，以蜗牛、蛞蝓、蚂蚁等为食。蛇类常见的主要有剧毒的短尾蝮（*Gloydius brevicaudus*）和无毒的虎斑颈槽蛇（*Rhabdophis tigrinus*），后者又叫虎斑游蛇，因为长有粗大的黑色与橘红色斑块，类似老虎斑纹而得名。

石首麋鹿保护区内野生鸟类也非常丰富，总数近200种，很多种类还是国家重点保护鸟类。保护区靠近长江故道的水域或水边是水鸟的主要栖息地。偶尔能见到国家一级重点保护鸟类黑鹳，以及国家二级重点保护鸟类白琵鹭（*Platalea leucorodia*）、小天鹅（*Cygnus columbianus*）等，以及牛背鹭（*Bubulcus ibis*）等。这些水鸟有的游弋水中，有的立于浅滩上，与麋鹿形成了很好的共生关系。尤其是牛背鹭，顾名思义，

▲ 黄鼬（摄影：张玉铭）

▲ 貉（摄影：杨涛）

▲ 普通刺猬　　　　　　　　　　　▲ 黑斑侧褶蛙（摄影：张玉铭）

　　这种鹭鸟因为常常跟随在水牛旁边或站立在牛背之上而得名，保护区内没有水牛，牛背鹭摇身一变成为麋鹿的"跟屁虫"，捡食麋鹿身体上的寄生虫或草丛中被麋鹿惊起的小虫。

　　保护区内还有很多猛禽，也是保护区食物链的顶级猎手，如喜欢停歇在树顶的鹗（*Pandion haliaetus*），又叫鱼鹰，主要以长江故道中的鱼类为食。燕隼（*Falco subbuteo*）这种猛禽虽然体形很小，但行动迅速，飞翔速度极快，以各种小鸟为食，是保护区内其他小型鸟类的噩梦。东方角鸮（*Otus sunia*）是保护区内猫头鹰的代表，长着可爱的圆脸蛋、大眼睛，还有一双直立的"耳朵"，体形十分娇小，主要捕食鼠类和昆虫。

　　冬季在保护区的草地上很容易见到成群的豆雁（*Anser fabalis*），这是保护区内体形最大的鸟类，外形酷似家鹅，体重超过3千克，冬季在保护区内越冬，取食植物种子、青草等。保护区虽然以草地为主，但仍有一些旱柳林和杨树林，为众多的林鸟提供了栖息和隐蔽场所。在芦苇丛中很容易见到一种名叫小鸦鹃（*Centropus bengalensis*）的鸟类，通体黑色，长约40厘米，翅膀上长有红褐色羽毛，以捕食昆虫和小型动物。还有漂亮的黑卷尾（*Dicrurus macrocercus*），全身长有黑色羽毛，胸部羽毛带有蓝色光泽，尾巴呈深凹形，最外侧一对尾羽向外上方卷曲，因此而得名。

▲ 麋鹿身边的牛背鹭（摄影：张玉铭）

▲ 白琵鹭（摄影：杨涛）

神奇有趣的昆虫世界

《诗经》有云："喓喓草虫，趯趯阜螽。"麋鹿的生存环境同样离不开昆虫。仔细观察，你会发现石首麋鹿保护区还隐藏有一个神秘的昆虫世界，居然暗藏杀机，充满了尔虞我诈，让人惊叹。首先是各种传粉者，主要包括蝴蝶、蛾、蝇和蚂蚁四大类。常见蝴蝶有柳紫闪蛱蝶（*Apatura ilia*）、菜粉蝶（*Pieris rapae*）、蓝灰蝶（*Everes argiades*）和黄钩蛱蝶（*Polygonia c-aureum*）等，这些蝴蝶拥有五颜六色的斑纹，颜值都很高。如柳紫闪蛱蝶的翅膀在阳光下能闪烁出强烈的紫光，蓝灰蝶的翅带有金属光泽，黄钩蛱蝶的翅面呈黄褐色，翅缘凹凸分明，后翅腹面中域有一银白色"C"形图案。蛾类有神奇的长喙天蛾（*Macroglossum corythus*），体形较大，飞行迅速，能通过空中悬停的方式吸食花蜜，简直是空中的艺术家。

很多人可能都不知道，除蝴蝶和飞蛾外，自然界中很多蝇类和蚂蚁也是重要的传粉者。石首麋鹿保护区内的蝇类传粉者主要有羽芒宽盾食蚜蝇（*Phytomia zonata*）和黑带食蚜蝇（*Episyrphus balteatus*），蚁类传粉者有多刺蚁属的昆虫，经常出现在接骨草花序上，吸食杯状不育花里面的花蜜。

除了传粉者，更多的是植食性昆虫，有的以针状口器吸食

▲ 柳紫闪蛱蝶 　　　　　　　　　　　　▲ 长喙天蛾 　　　　　　▲ 羽毛宽盾食蚜蝇

植物汁液，如一种广翅蜡蝉科昆虫，这一种个体很小，翅膀几乎无色透明的蝉类，善于在植物之间跳跃，数量特别多。有的直接啃食植物嫩叶或幼枝，如日本条螽（*Ducetia japonica*）、日本黄脊蝗（*Patanga japonica*）、尺蠖、褐边绿刺蛾（*Monema rubriceps*）幼虫等。

　　日本条螽又名露螽，十分常见，成虫在夜晚会发出响亮的鸣叫声。尺蠖则更为有趣，是生物教科书中"拟态"的典型案例，身体细长，休息时身体能斜向伸直，如同枯枝，通过模拟枯枝形态避免被鸟类捕食，行动时一屈一伸，像个拱桥。刺蛾科昆虫的幼虫浑身长有刺毛和毒毛，被统称为"洋辣子"，如果手和胳膊不小心碰到了它，那种火辣辣针刺般的痛感定会让你终身难忘。

　　昆虫中也有凶猛的杀手，它们潜伏在枝叶间或花朵上，伺机发动攻击，捕食其他种类的昆虫。例如一些肉食性蜂类，最常见的当属亚非马蜂（*Polistes olivaceus*），又称黄蜂，分布广泛，飞翔迅速，腹部藏有毒蜂针，用来刺杀猎物。蜾蠃是一种力量强大的捕食性蜂类，我们居然拍到一只蜾蠃正牢牢地抓住一只体形和自己差不多大的螽斯。外形酷似蜻蜓的白扇蟌（*Platycnemis foliacea*）因为雄虫中后足胫节扩张，如白扇状（白色叶片状）而得名，别看外貌瘦弱娇小，也是一个凶猛的猎手。

▲ 一种广翅蜡蝉科昆虫（摄影：杨涛）

▲ 尺蠖

▲ 星斑虎甲（摄影：杨涛）

▲ 蜾蠃

　　"蒹葭苍苍，白露为霜，所谓伊人，在水一方"，曾经消失在中国大地近百年的麋鹿如今已在石首麋鹿保护区繁衍生息了近 30 年，种群数量稳步增长。麋鹿的回归不仅是我国挽救珍稀物种的成功尝试，也为世界挽救已濒临灭绝的大型珍稀动物和恢复自然种群提供了宝贵经验。虽然保护区目前也面临着一些发展中的问题，但在社会各界的共同努力下，在保护区工作人员的精心守护下，我们相信，充满传奇色彩的麋鹿必将会在这一地区永远繁衍生息下去。

致 谢

　　本书的顺利完成，离不开大家的支持与帮助。在保护区的实地考察与调研中，我们分别得到了山西省生态环境厅徐丽花，黑茶山保护区管理局王永琳，河北红松洼保护区管理处于景国、李东伟、王运静，内蒙古达里诺尔保护区管理处韩国苍，鄂尔多斯遗鸥保护区管理局邢小军，吉林长白山保护开发区管委会田福振、王秋义，湖北石首麋鹿保护区温华君、李鹏飞，广西雅长兰科植物保护区管理局黄伯高、辛荣仕，四川亚丁保护区管理局王强、孙亮、泽翁他许，小金四姑娘山保护区管理局周全福、王刚、邓永和、杨晗、徐琪丽，四川海螺沟景区管理局谭智泉、王志臣、何跃文，四川画稿溪保护区管理处陈丰，云南元江保护区管护局李寿琪，青海省生态环境厅任勇，柴达木梭梭林保护区管理局李长远、宗英，新疆自治区生态环境厅王永斌、库兰丹，新疆阿勒泰地区林业局初红军，布尔根河狸保护区管理局马尔哈别克、陈鹏等领导和同志的大力支持与协助。金效华、朱鑫鑫、杨斌、洪欣、温放、易思荣、诸立新、周大庆、马方舟、吴军、张麟等老师对本书中部分野生植物、鸟类、两栖爬行类、昆虫等的鉴定提供了重要的协助与指导。杨涛、张玉铭、易思荣、陆耕宇等老师为本书提供了部分动植物的高清照片。除此之外，还有很多未提及名字的同志，对于本书的完成也给予了积极的帮助，在此一并表示诚挚的感谢！

附录 1：名词解释

唇瓣：具双唇花冠或花萼的上部或下部的花瓣，如兰科植物花的特化下花瓣。

佛焰苞：部分或全部包住肉穗花序的一片具鞘大苞片，如天南星科植物。

花瓣：花冠的单个裂片或组成部分。

花梗：花着生的小枝。

花冠：一朵花中所有花瓣的总称。位于花萼的上方或之内，由分离或合并的花瓣组成，排列成一轮或多轮，常具有各种鲜艳的颜色。

花葶：无茎植物从地表抽出的无叶总花梗或花序梗。

花序：许多花按一定顺序排列的花枝。

花药：花丝顶端膨大的囊状体。是雄蕊的主要部分，也是产生花粉粒的部位。

假鳞茎：在许多附生兰科植物中，位于植株基部肉质、实心或鳞茎状的茎。

孑遗植物：主要指在第四纪冰川活动期存活下来的植物。

聚伞花序：有限花序的一种，花序成假二叉分枝，顶部平或圆，顶端的花先开。

鳞茎：由许多肥厚的肉质鳞叶包围的扁平或圆盘状的地下茎，如洋葱、百合。

深裂叶：叶缘的缺刻几乎到达叶的中脉或至叶柄顶端的叶。

蒴果：由两个以上心皮合生而成，成熟时有纵裂、盖裂和孔裂等不同方式的果实。

穗状花序：无限花序的一种。花序轴较长、直立不分枝，上面着生许多无柄的两性花。

头状花序：花序轴缩短，顶端膨大，上面聚集许多两性无柄花，各苞片常聚成总苞，生于花序基部，如菊科植物。

雄蕊：一朵花中可产生花粉的雄性生殖器官，通常由花丝和花药两部分组成。

叶柄：位于叶的基部，连接叶片与茎之间的部分。

掌状复叶：复叶的一种。在叶柄顶端着生有 3~5 片以上小叶、形如手掌。

掌状三出复叶：三个小叶柄等长的三出复叶

蜇毛：由一个囊状基部和在渐尖上部为小球形顶端共同构成的单细胞腺毛。细胞上部的壁富含硅质，由此处折断后分泌出毒素（如组胺、乙酰胆碱），如荨麻属植物。

柱头：雌蕊上部接受花粉的部分。

子房：雌蕊基部膨大，并包含胚珠的部分。

总苞：数目多而聚生在花序基部的苞片总称，如菊科植物。

附录 2：有关植物中文名与拉丁名

拉丁名	中文名	分布的自然保护区
A		
Abies ziyuanensis	资源冷杉	湖南桃源洞
Acer buergerianum	三角枫	江苏宝华山
Acer henryi	建始槭	江苏宝华山
Achillea alpina	高山蓍	北京百花山
Achnatherum splendens	芨芨草	青海柴达木梭梭林
Achyranthes bidentata	牛膝	湖北石首麋鹿
Aconitum alboviolaceum	两色乌头	吉林长白山
Aconitum barbatum var. *puberulum*	牛扁	北京百花山
Aconitum flavum	伏毛铁棒锤	四川贡嘎山
Aconitum tschangbaischanense	长白乌头	吉林长白山
Actinidia arguta	软枣猕猴桃	吉林长白山
Actinidia kolomikta	狗枣猕猴桃	吉林长白山
Actinodaphne kweichowensis	黔桂黄肉楠	广西雅长兰科
Adenophora divaricata	展枝沙参	北京百花山
Adlumia asiatica	荷包藤	吉林长白山
Aerides rosea	多花指甲兰	广西雅长兰科
Agriophyllum squarrosum	沙蓬	青海柴达木梭梭林
Agropyron cristatum	冰草	河北红松洼
Ajania myriantha	多花亚菊	甘肃黄河首曲
Akebia quinata	木通	江苏宝华山
Allium mongolicum	蒙古韭	青海柴达木梭梭林
Allium prattii	太白韭	四川贡嘎山
Allium sikkimense	高山韭	四川贡嘎山
Allium victorialis	茖葱	北京百花山
Aloe vera	芦荟	云南元江
Alpinia chinensis	华山姜	四川画稿溪
Alsophila metteniana	小黑桫椤	四川画稿溪
Alsophila spinulosa	桫椤	四川画稿溪
Alyssum canescens	燥原荠	内蒙古西鄂尔多斯

Ammopiptanthus mongolicus	沙冬青	内蒙古西鄂尔多斯
Amorphophallus rivieri	魔芋	云南元江
Ampelopsis aconitifolia	乌头叶蛇葡萄	山西黑茶山
Anabasis salsa	盐生假木贼	新疆布尔根河狸
Androsace henryi	莲叶点地梅	四川四姑娘山
Anemone cathayensis	银莲花	河北红松洼
Apocynum venetum	罗布麻	辽宁辽河口
Aquilegia yabeana	华北楼斗菜	北京百花山
Arisaema candidissimum	白苞南星	四川亚丁
Arisaema elephas	象南星	云南元江
Arisaema erubescens	一把伞南星	云南元江
Arisaema flavum	黄苞南星	四川亚丁
Aristolochia debilis	马兜铃	江苏宝华山
Aristolochia weixiensis	维西马兜铃	云南白马雪山
Armeniaca vulgaris	杏	新疆东天山
Arnebia guttata	黄花软紫草	新疆布尔根河狸
Artemisia desertorum	沙蒿	青海柴达木梭梭林
Artemisia frigida	冷蒿	青海柴达木梭梭林
Artemisia selengensis	蒌蒿	湖北石首麋鹿
Asarum forbesii	杜衡	江苏宝华山
Asterothamnus centraliasiaticus	中亚紫菀木	青海柴达木梭梭林
Astragalus laxmannii	斜茎黄耆	河北红松洼
Astragalus sinicus	紫云英	湖北石首麋鹿
Atraphaxis virgata	长枝木蓼	新疆布尔根河狸

B

Berchemia yunnanensis	云南勾儿茶	四川四姑娘山
Bergenia purpurascens	岩白菜	四川亚丁
Bistorta macrophylla	圆穗蓼	四川四姑娘山
Bistorta vivipara	珠芽蓼	四川四姑娘山
Blumea megacephala	东风草	四川画稿溪
Bolboschoenus planicalmis	扁秆荆三棱	陕西红碱淖
Brachanthemum pulvinatum	星毛短舌菊	青海柴达木梭梭林
Bupleurum smithii	黑柴胡	河北红松洼

C

Calligonum mongolicum	沙拐枣	新疆东天山
Caltha palustris	驴蹄草	河北红松洼
Camellia oleifera	油茶	湖南桃源洞
Campanula aristata	钻裂风铃草	四川四姑娘山
Campanula glomerata subsp. *speciosa*	聚花风铃草	吉林长白山
Campanula puncatata	紫斑风铃草·	河北红松洼
Camptotheca acuminata	喜树	云南元江
Capparis wui	元江山柑	云南元江
Caragana sinica	锦鸡儿	内蒙古鄂尔多斯遗鸥
Caragana spinosa	多刺锦鸡儿	新疆布尔根河狸
Cardamine trifoliolata	三小叶碎米荠	重庆金佛山
Carex neurocarpa	翼果薹草	湖北石首麋鹿
Carpinus oblongifolia	宝华鹅耳枥	江苏宝华山
Cathaya argyrophylla	银杉	湖南桃源洞、重庆金佛山
Celtis biondii	紫弹树	江苏宝华山
Cercidiphyllum japonicum	连香树	四川四姑娘山
Championella japonica	垂序马蓝	四川画稿溪
Changnienia amoena	独花兰	江苏宝华山
Chelonopsis lichiangensis	丽江铃子香	四川亚丁
Chenopodium acuminatum	尖头叶藜	内蒙古鄂尔多斯遗鸥
Circaeaster agrestis	星叶草	四川四姑娘山
Cirsium esculentum	莲座蓟	新疆东天山
Cirsium souliei	葵花大蓟	甘肃黄河首曲
Cistanche deserticola	肉苁蓉	青海柴达木梭梭林
Cistanche sinensis	沙苁蓉	内蒙古鄂尔多斯遗鸥
Clausena excavata	小叶臭黄皮	云南元江
Clematis macropetala	大瓣铁线莲	河北红松洼
Clematis pogonandra	须蕊铁线莲	四川四姑娘山
Clematis pseudopogonandra	西南铁线莲	四川四姑娘山
Clintonia udensis	七筋姑	吉林长白山
Codonopsis bulleyana	管钟党参	四川贡嘎山
Comastoma pedunculatum	长梗喉毛花	甘肃黄河首曲
Convolvulus ammannii	银灰旋花	内蒙古西鄂尔多斯

Convolvulus tragacanthoides	刺旋花	新疆东天山
Cornus controversa	灯台树	北京百花山
Cornus elliptica	尖叶四照花	重庆金佛山
Corydalis calcicola	灰岩紫堇	四川四姑娘山
Corydalis cristata	具冠黄堇	四川贡嘎山
Corydalis dajingensis	大金紫堇	四川四姑娘山
Corydalis densispica	密穗黄堇	四川贡嘎山
Corydalis incisa	刻叶紫堇	江苏宝华山
Corydalis melanochlora	暗绿紫堇	四川四姑娘山、四川贡嘎山
Corydalis pachycentra	浪穹紫堇	四川贡嘎山
Corydalis pseudoadoxa	波密紫堇	四川四姑娘山
Corydalis speciosa	珠果黄堇	北京百花山
Corydalis tenuipes	细柄黄堇	四川四姑娘山、四川贡嘎山
Corylus heterophylla	榛子	北京百花山
Corylus mandshurica	毛榛	吉林长白山
Crataegus kansuensis	甘肃山楂	山西黑茶山
Crataegus maximowiczii	毛山楂	吉林长白山
Cremanthodium brunneopilosum	褐毛垂头菊	甘肃黄河首曲
Cremanthodium campanulatum	钟花垂头菊	四川贡嘎山
Cremanthodium decaisnei	喜马拉雅垂头菊	四川贡嘎山
Crepidium purpureum	深裂沼兰	广西雅长兰科
Cucumis bisexualis	小马泡	湖北石首麋鹿
Cuscuta japonica	金灯藤	新疆布尔根河狸
Cyananthus hookeri	蓝钟花	四川贡嘎山
Cymbidium cyperifolium	莎叶兰	广西雅长兰科
Cynanchum mongolicum	华北白前	陕西红碱淖
Cynodon dactylon	狗牙根	湖北石首麋鹿
Cypripedium tibeticum	西藏杓兰	四川四姑娘山

D

Davidia involucrata	珙桐	重庆金佛山
Debregeasia orientalis	水麻	重庆金佛山
Delphinium anthriscifolium	还亮草	江苏宝华山
Delphinium grandiflorum	翠雀	河北红松洼
Delphinium sparsiflorum	疏花翠雀花	甘肃黄河首曲

Dendrobium aduncum	钩状石斛	广西雅长兰科
Dendrobium brymerianum	长苏石斛	广西雅长兰科
Dendrobium lindleyi	聚石斛	广西雅长兰科
Dendrobium officinale	铁皮石斛	广西雅长兰科
Deutzia parviflora	小花溲疏	北京百花山
Deutzia rubens	粉红溲疏	四川四姑娘山
Dianthus superbus	瞿麦	河北红松洼、北京百花山
Diapensia purpurea	红花岩梅	四川亚丁
Dichroa febrifuga	常山	湖南桃源洞、重庆金佛山
Dickinsia hydrocotyloides	马蹄芹	重庆金佛山
Dimocarpus longan	龙眼	云南元江
Disporopsis jinfushanensis	金佛山竹根七	重庆金佛山
Dracocephalum moldavica	香青兰	山西黑茶山
Dregea volubilis	南山藤	云南元江
Drosera peltata	茅膏菜	云南元江
Dryas octopetala var. *asiatica*	东亚仙女木	吉林长白山
Dysphania aristata	刺藜	新疆东天山

E

Echinops gmelinii	砂蓝刺头	陕西红碱淖
Echinops sphaerocephalus	蓝刺头	河北红松洼、北京百花山
Ehretia dicksonii	粗糠树	广西雅长兰科
Elaeagnus angustifolia	沙枣	新疆东天山
Elaeagnus lanceolata	披针叶胡颓子	四川四姑娘山
Elatostema nasutum	托叶楼梯草	四川画稿溪
Eleocharis palustris	沼泽荸荠	新疆布尔根河狸
Eleocharis valleculosa var. *setosa*	具刚毛荸荠	湖北石首麋鹿
Eleutherococcus senticosus	刺五加	吉林长白山
Eomecon chionantha	血水草	重庆金佛山
Ephedra intermedia	中麻黄	新疆东天山
Ephedra przewalskii	膜果麻黄	青海柴达木梭梭林
Epilobium angustifolium	柳兰	河北红松洼
Epimedium davidii	宝兴淫羊藿	云南白马雪山
Epipactis mairei	大叶火烧兰	四川四姑娘山
Eria coronaria	足茎毛兰	广西雅长兰科

Euonymus verrucosus	瘤枝卫矛	吉林长白山
Euphorbia kozlovii	沙生大戟	内蒙古鄂尔多斯遗鸥
Euphorbia royleana	霸王鞭	云南元江
Euphorbia sieboldiana	钩腺大戟	江苏宝华山
Eurya muricata	格药柃	湖南桃源洞

F

Fargesia spathacea	箭竹	重庆金佛山
Fordiophyton faberi	异药花	四川画稿溪
Fragaria nilgerrensis	黄毛草莓	四川四姑娘山
Fragaria orientalis	东方草莓	四川四姑娘山
Fritillaria cirrhosa	川贝母	四川四姑娘山
Fritillaria thunbergii	浙贝母	江苏宝华山

G

Galearis spathulata	二叶盔花兰	四川四姑娘山
Gastrochilus calceolaris	盆距兰	云南元江
Gastrodia elata	天麻	吉林长白山
Gaultheria fragrantissima	芳香白珠	云南元江
Gaultheria leucocarpa var. *cumingiana*	白珠树	云南元江
Gaultheria leucocarpa var. *yunnanensis*	滇白珠	湖南桃源洞
Gaultheria prostrata	平卧白珠	四川贡嘎山
Gaultheria trichophylla	刺毛白珠	四川贡嘎山
Gentiana algida	高山龙胆	吉林长白山
Gentiana arethusae var. *delicatula*	七叶龙胆	四川贡嘎山
Gentiana jamesii	长白山龙胆	吉林长白山
Gentiana micantiformis	类亮叶龙胆	四川海子山
Gentiana rubicunda	深红龙胆	四川四姑娘山
Gentiana stipitata	提宗龙胆	甘肃黄河首曲
Gentiana straminea	麻花艽	甘肃黄河首曲
Gentiana veitchiorum	蓝玉簪龙胆	甘肃黄河首曲
Gentiana waltonii	长梗秦艽	四川贡嘎山
Gentianella azurea	黑边假龙胆	甘肃黄河首曲
Geranium pratense	草甸老鹳草	北京百花山
Glabrella mihieri	光叶苣苔	重庆金佛山
Glaucium squamigerum	新疆海罂粟	新疆东天山

Glechoma longituba	活血丹	江苏宝华山
Glycine soja	野大豆	湖北石首麋鹿
Glycyrrhiza uralensis	甘草	新疆布尔根河狸
Grubovia dasyphylla	雾冰藜	青海柴达木梭梭林
Gymnadenia conopsea	手参	四川贡嘎山

H

Habenaria fordii	线瓣玉凤花	广西雅长兰科
Halerpestes sarmentosa	碱毛茛	新疆布尔根河狸
Halimodendron halodendron	铃铛刺	新疆布尔根河狸
Halogeton arachnoideus	白茎盐生草	青海柴达木梭梭林
Halogeton glomeratus	盐生草	新疆布尔根河狸
Haloxylon ammodendron	梭梭	青海柴达木梭梭林
Hedychium forrestii	圆瓣姜花	云南元江
Helianthemum songaricum	半日花	内蒙古西鄂尔多斯
Hemarthria sibirica	牛鞭草	湖北石首麋鹿
Hemiboea gracilis	纤细半蒴苣苔	四川画稿溪
Herminium monorchis	角盘兰	四川四姑娘山
Hippophae rhamnoides	沙棘	四川四姑娘山、山西黑茶山
Hordeum jubatum	芒颖大麦草	辽宁辽河口
Humulus scandens	葎草	湖北石首麋鹿
Hydrangea xanthoneura	挂苦绣球	重庆金佛山
Hydrocotyle hepalensis	红马蹄草	四川画稿溪
Hylocereus undatus	火龙果	云南元江

I

Impatiens angulata	棱茎凤仙花	重庆金佛山
Impatiens chishuiensis	赤水凤仙花	四川画稿溪
Impatiens commelinoides	鸭跖草状凤仙花	湖南桃源洞
Impatiens longialata	长翼凤仙花	重庆金佛山
Impatiens siculifer	黄金凤	重庆金佛山
Incarvillea sinensis	角蒿	内蒙古鄂尔多斯遗鸥
Incarvillea younghusbandii	藏波罗花	四川海子山
Inula britannica	欧亚旋覆花	新疆布尔根河狸
Inula salsoloides	蓼子朴	内蒙古鄂尔多斯遗鸥
Iris chrysographes	金脉鸢尾	四川四姑娘山

Iris kobayashii	矮鸢尾	河北红松洼
J		
Juniperus saltuaria	方枝柏	四川四姑娘山
K		
Kalidium foliatum	盐爪爪	青海柴达木梭梭林
Kalidium gracile	细枝盐爪爪	青海柴达木梭梭林
Kingdonia uniflora	独叶草	四川四姑娘山
Krascheninnikovia ceratoides	驼绒藜	青海柴达木梭梭林
Kummerowia striata	鸡眼草	湖北石首麋鹿
L		
Lactuca tatarica	乳苣	新疆布尔根河狸
Laggera alata	六棱菊	云南元江
Lagochilus lanatonodus	毛节兔唇花	新疆东天山
Lamium barbatum	野芝麻	江苏宝华山
Lancea tibetica	肉果草	四川亚丁
Larix gmelinii	落叶松	新疆东天山
Larix mastersiana	四川红杉	四川四姑娘山
Leontopodium calocephalum	美头火绒草	四川贡嘎山
Leontopodium chuii	川甘火绒草	甘肃黄河首曲
Leontopodium leontopodioides	火绒草	北京百花山
Leonurus artemisia	益母草	湖北石首麋鹿
Lepidium latifolium	宽叶独行菜	新疆布尔根河狸
Ligularia fischeri	蹄叶橐吾	北京百花山
Ligularia hookeri	细茎橐吾	四川贡嘎山
Ligularia jamesii	单花橐吾	吉林长白山
Lilium lophophorum	尖被百合	四川四姑娘山
Lilium pumilum	山丹	河北红松洼
Limonium aureum	黄花补血草	青海柴达木梭梭林
Lindera communis	香叶树	四川画稿溪
Liparis chapaensis	平卧羊耳蒜	广西雅长兰科
Liparis cheniana	陈氏羊耳蒜	四川四姑娘山
Lomatogonium bellum	美丽肋柱花	甘肃黄河首曲
Lomatogonium carinthiacum	肋柱花	甘肃黄河首曲
Lomatogonium gamosepalum	合萼肋柱花	甘肃黄河首曲

Lonicera caerulea	蓝靛果	吉林长白山
Lonicera crassifolia	匍匐忍冬	重庆金佛山
Lonicera ferdinandii	葱皮忍冬	山西黑茶山
Lonicera maackii	金银忍冬	北京百花山
Lonicera pileata	蕊帽忍冬	四川画稿溪
Loxostigma griffithii	紫花苣苔	四川画稿溪
Luisia morsei	钗子股	广西雅长兰科
Lycium chinense	枸杞	青海柴达木梭梭林
Lycium ruthenicum	黑果枸杞	青海柴达木梭梭林
Lycoris aurea	忽地笑	四川画稿溪
Lycoris chinensis	中国石蒜	江苏宝华山
Lyonia ovalifolia	珍珠花	云南元江
Lysionotus pauciflorus	吊石苣苔	重庆金佛山

M

Maesa japonica	杜茎山	湖南桃源洞
Maianthemum bifolium	舞鹤草	吉林长白山
Maianthemum japonicum	鹿药	吉林长白山
Mandragora caulescens	茄参	四川海子山、四川贡嘎山
Mangifera indica	芒果	云南元江
Marsilea quadrifolia	田字苹	湖北石首麋鹿
Meconopsis balangensis	巴朗山绿绒蒿	四川四姑娘山
Meconopsis integrifolia	全缘叶绿绒蒿	四川四姑娘山、四川贡嘎山
Meconopsis lancifolia	长叶绿绒蒿	四川四姑娘山、四川贡嘎山
Meconopsis punicea	红花绿绒蒿	四川四姑娘山
Meconopsis rudis	宽叶绿绒蒿	四川贡嘎山
Medicago lupulina	天蓝苜蓿	湖北石首麋鹿
Medicago ruthenica	花苜蓿	河北红松洼
Meehania fargesii	华西龙头草	重庆金佛山
Melodinus yunnanensis	云南山橙	云南元江
Mertensia davurica	长筒滨紫草	河北红松洼、内蒙古达里诺尔
Messerschmidia sibirica	砂引草	内蒙古达里诺尔、内蒙古鄂尔多斯遗鸥
Metaplexis japonica	萝藦	湖北石首麋鹿

Millettia pachycarpa	厚果崖豆藤	四川画稿溪
Miscanthus sacchariflorus	荻	湖北石首麋鹿
Monotropa uniflora	松下兰	四川四姑娘山
Musa basjoo	芭蕉	云南元江
N		
Nitraria pamirica	帕米尔白刺	青海柴达木梭梭林
Nitraria roborowskii	大白刺	青海柴达木梭梭林
Nitraria tangutorum	白刺	青海柴达木梭梭林、内蒙古鄂尔多斯遗鸥
Notholirion bulbuliferum	假百合	四川贡嘎山
O		
Oberonia cavaleriei	棒叶鸢尾兰	广西雅长兰科
Oenanthe javanica	水芹	湖北石首麋鹿
Omphalogramma vinciflorum	独花报春	四川四姑娘山
Opuntia stricta var. *dillenii*	仙人掌	云南元江
Oreocharis saxatilis	直瓣苣苔	重庆金佛山
Oreocharis sericea	绢毛马铃苣苔	湖南桃源洞
Oreocnide frutescens	紫麻	湖南桃源洞
Oxygraphis glacialis	鸦跖花	四川海子山
Oxytropis anertii	长白棘豆	吉林长白山
Oxytropis racemosa	砂珍棘豆	内蒙古鄂尔多斯遗鸥
P		
Panax ginseng	人参	吉林长白山
Papaver nudicaule	野罂粟	内蒙古达里诺尔
Papaver radicatum var. *pseudoradicatum*	长白山罂粟	吉林长白山
Paphiopedilum armeniacum	杏黄兜兰	广西雅长兰科
Paphiopedilum dianthum	长瓣兜兰	广西雅长兰科
Paphiopedilum henryanum	亨利兜兰	广西雅长兰科
Paphiopedilum hirsutissimum	带叶兜兰	广西雅长兰科
Paraquilegia microphylla	拟耧斗菜	四川四姑娘山
Paris polyphylla var.*chinensis*	七叶一枝花	江苏宝华山
Parnassia amoena	南川梅花草	重庆金佛山
Parnassia faberi	峨眉梅花草	四川画稿溪
Parnassia palustris	梅花草	河北红松洼
Paspalum distichum	双穗雀稗	湖北石首麋鹿

Patrinia scabiosifolia	败酱	北京百花山
Pedicularis cephalantha var. *szetchuanica*	四川头花马先蒿	四川贡嘎山
Pedicularis cranolopha	凸额马先蒿	四川四姑娘山
Pedicularis cristatella	具冠马先蒿	四川四姑娘山
Pedicularis cyathophylla	斗叶马先蒿	四川四姑娘山
Pedicularis davidii	大卫氏马先蒿	四川贡嘎山
Pedicularis debilis	弱小马先蒿	四川贡嘎山
Pedicularis decora	美观马先蒿	四川贡嘎山
Pedicularis elwesii	裹盔马先蒿	四川贡嘎山
Pedicularis integrifolia	全叶马先蒿	四川四姑娘山
Pedicularis lachnoglossa	绒舌马先蒿	四川贡嘎山
Pedicularis lineata	条纹马先蒿	四川四姑娘山
Pedicularis microchilae	小唇马先蒿	四川贡嘎山
Pedicularis mussotii	谬氏马先蒿	四川贡嘎山
Pedicularis resupinata	返顾马先蒿	北京百花山
Pedicularis rex	大王马先蒿	四川四姑娘山
Pedicularis roylei	罗氏马先蒿	四川贡嘎山
Pedicularis siphonantha	管花马先蒿	四川贡嘎山
Pedicularis spicata	穗花马先蒿	北京百花山
Pedicularis stenocorys	狭盔马先蒿	四川四姑娘山
Pedicularis tatsienensis	打箭马先蒿	四川四姑娘山
Peganum multisectum	多裂骆驼蓬	新疆布尔根河狸
Pellionia radicans	赤车	四川画稿溪
Pennisetum alopecuroides	狼尾草	湖北石首麋鹿
Peristylus coeloceras	凸孔阔蕊兰	四川四姑娘山
Phalaenopsis braceana	尖囊兰	广西雅长兰科
Phellodendron amurense	黄檗	吉林长白山
Philadelphus incanus	山梅花	重庆金佛山
Phlomis mongolica	串铃草	内蒙古达里诺尔
Phlomoides ornata	美观糙苏	四川四姑娘山
Phoebe sheareri	紫楠	江苏宝华山
Pholidota yunnanensis	云南石仙桃	广西雅长兰科
Phragmites australis	芦苇	内蒙古达里诺尔、湖北石首麋鹿、辽宁辽河口
Phyllostachys edulis	毛竹	湖南桃源洞

Picea asperata	云杉	新疆东天山
Pinus koraiensis	红松	吉林长白山
Pinus sylvestris var. *sylvestriformis*	长白松	吉林长白山
Piptanthus concolor	黄花木	四川亚丁
Pleurospermum foetens	臭棱子芹	四川贡嘎山
Polyalthia cerasoides	细基丸	云南元江
Polygonum bistorta	拳参	北京百花山
Polygonum criopolitanum	蓼子草	湖北石首麋鹿
Polygonum orientale	红蓼	山西黑茶山
Polygonum perfoliatum	杠板归	湖北石首麋鹿
Polygonum sibiricum	西伯利亚蓼	内蒙古鄂尔多斯遗鸥
Ponerorchis chusua	广布小红门兰	内蒙古达里诺尔
Ponerorchis monantha	一花无柱兰	四川四姑娘山
Ponerorchis simplex	黄花无柱兰	四川四姑娘山
Populus euphratica	胡杨	新疆东天山
Populus laurifolia	苦杨	新疆布尔根河狸
Populus shanxiensis	青毛杨	山西黑茶山
Potamogeton wrightii	竹叶眼子菜	新疆布尔根河狸
Potaninia mongolica	绵刺	内蒙古西鄂尔多斯
Potentilla anserina	鹅绒委陵菜	四川四姑娘山
Potentilla biflora var. *lahulensis*	五叶双花委陵菜	四川四姑娘山
Potentilla fruticosa	金露梅	四川贡嘎山
Primula amethystina	紫晶报春	四川贡嘎山
Primula amethystina subsp. *brevifolia*	短叶紫晶报春	四川亚丁
Primula bella	山丽报春	四川亚丁
Primula blinii	糙毛报春	四川贡嘎山
Primula chionantha	紫花雪山报春	四川亚丁
Primula deflexa	穗花报春	四川贡嘎山
Primula dryadifolia	石岩报春	四川四姑娘山
Primula farinosa	粉报春	河北红松洼
Primula fistulosa	箭报春	河北红松洼
Primula gemmifera	苞芽粉报春	四川四姑娘山
Primula gemmifera var. *amoena*	厚叶苞芽报春	四川亚丁
Primula hookeri	春花脆蒴报春	四川贡嘎山

Primula kialensis	等梗报春	四川四姑娘山
Primula latisecta	宽裂掌叶报春	四川四姑娘山
Primula limbata	匙叶雪山报春	四川四姑娘山
Primula maximowiczii	胭脂花	河北红松洼
Primula munroi subsp. *yargongensis*	雅江报春	四川四姑娘山
Primula obconica	鄂报春	四川四姑娘山
Primula secundiflora	偏花报春	四川亚丁
Primula sikkimensis	钟花报春	四川亚丁、四川贡嘎山
Primula stenocalyx	狭萼报春	四川四姑娘山
Primula watsonii	靛蓝穗花报春	四川四姑娘山
Prinsepia utilis	扁核木	云南白马雪山
Pseudostellaria heterophylla	太子参	江苏宝华山
Pteridium aquilinum var. *latiusculum*	蕨	吉林长白山
Pulsatilla chinensis	白头翁	河北红松洼
Pycreus sanguinolentus	红鳞扁莎	陕西红碱淖

Q

| *Quercus glauca* | 青冈 | 广西雅长兰科 |

R

Reaumuria soongarica	红砂	内蒙古西鄂尔多斯
Reineckea carnea	吉祥草	重庆金佛山
Rhamnus parvifolia	小叶鼠李	山西黑茶山
Rhamnus utilis	冻绿	山西黑茶山
Rhaphiolepis indica	石斑木	广西雅长兰科
Rheum franzenbachii	华北大黄	河北红松洼
Rhodiola alsia	西川红景天	四川贡嘎山
Rhodiola bupleuroides	柴胡红景天	四川贡嘎山
Rhodiola crenulata	大花红景天	四川四姑娘山
Rhodiola fastigiata	长鞭红景天	四川四姑娘山
Rhodiola nobilis	优秀红景天	四川贡嘎山
Rhodiola yunnanensis	云南红景天	四川贡嘎山
Rhododendron brachypodum	短梗杜鹃	重庆金佛山
Rhododendron changii	树枫杜鹃	重庆金佛山
Rhododendron coeloneurum	粗脉杜鹃	重庆金佛山
Rhododendron decorum	大白杜鹃	四川亚丁

Rhododendron faberi subsp. *prattii*	大叶金顶杜鹃	四川亚丁
Rhododendron hippophaeoides	灰背杜鹃	四川海子山
Rhododendron longipes var. *chienianum*	金山杜鹃	重庆金佛山
Rhododendron pachytrichum var. *tenuistylosum*	瘦柱绒毛杜鹃	重庆金佛山
Rhododendron platypodum	阔柄杜鹃	重庆金佛山
Rhododendron rupicola	多色杜鹃	四川亚丁
Rhododendron traillianum	川滇杜鹃	四川亚丁
Rhododendron yunnanense	云南杜鹃	云南白马雪山
Ribes burejense	刺果茶藨子	北京百花山
Ribes komarovii	长白茶藨子	吉林长白山
Ribes mandshuricum	东北茶藨子	吉林长白山
Ribes pachysandroides	茶藨子	吉林长白山
Rosa davurica	山刺玫	吉林长白山
Rosa graciliflora	细梗蔷薇	四川四姑娘山
Rosa koreana	长白蔷薇	吉林长白山
Rosa laxa	疏花蔷薇	新疆布尔根河狸
Rosa multiflora var. *cathayensis*	粉团蔷薇	湖北石首麋鹿
Rosa omeiensis	峨眉蔷薇	四川四姑娘山
Rosa rugosa	玫瑰	内蒙古达里诺尔
Rubus hirsutus	蓬蘽	江苏宝华山

S

Salix caspica	油柴柳	新疆布尔根河狸
Salix fargesii	川鄂柳	重庆金佛山
Salix flabellaris	扇叶垫柳	四川贡嘎山
Salix matsudana	旱柳	新疆东天山、湖北石首麋鹿
Salix turanica	土伦柳	新疆布尔根河狸
Salsola abrotanoides	蒿叶猪毛菜	青海柴达木梭梭林
Salsola arbuscula	木本猪毛菜	青海柴达木梭梭林
Salsola zaidamica	柴达木猪毛菜	青海柴达木梭梭林
Salvia cavaleriei var. *erythrophylla*	紫背贵州鼠尾草	重庆金佛山
Salvia flava	黄花鼠尾草	四川四姑娘山
Sambucus javanica	接骨草	湖北石首麋鹿
Sanguisorba officinalis	地榆	河北红松洼、北京百花山
Sanguisorba stipulata	大白花地榆	吉林长白山

Sarcococca hookeriana var. *digyna*	双蕊野扇花	云南白马雪山
Sarcozygium xanthoxylon	霸王	内蒙古西鄂尔多斯
Saussurea amara	草地风毛菊	内蒙古鄂尔多斯遗鸥
Saussurea globosa	球花雪莲	四川贡嘎山
Saussurea iodostegia	紫苞雪莲	北京百花山
Saussurea medusa	水母雪兔子	四川四姑娘山
Saussurea obvallata	苞叶雪莲	四川贡嘎山
Saussurea phaeantha	褐花雪莲	四川贡嘎山
Saussurea quercifolia	槲叶雪兔子	四川四姑娘山
Saussurea stella	星状雪兔子	甘肃黄河首曲
Saussurea superba	横断山风毛菊	甘肃黄河首曲
Saussurea tomentosa	高岭风毛菊	吉林长白山
Saussurea velutina	毡毛雪兔子	四川四姑娘山
Saxifraga gonggashanensis	贡嘎山虎耳草	四川贡嘎山
Saxifraga melanocentra	黑蕊虎耳草	四川贡嘎山
Saxifraga nigroglandulifera	垂头虎耳草	四川贡嘎山
Saxifraga laciniata	长白虎耳草	吉林长白山
Scabiosa tschiliensis	华北蓝盆花	河北红松洼
Schisandra chinensis	五味子	吉林长白山
Schoenoplectus tabernaemontani	水葱	内蒙古达里诺尔、陕西红碱淖
Scirpus triqueter	藨草	陕西红碱淖
Scutellaria baicalensis	黄芩	河北红松洼
Scutellaria scordifolia	并头黄芩	北京百花山
Setaria pumila	金色狗尾草	湖北石首麋鹿
Setaria faberi	大狗尾草	湖北石首麋鹿
Setaria viridis	狗尾草	湖北石首麋鹿
Silene nigrescens subsp. *latifolia*	宽叶变黑蝇子草	四川贡嘎山
Sinojackia xylocarpa	秤锤树	江苏宝华山
Sinosenecio subcoriaceus	革叶蒲儿根	重庆金佛山
Solanum nigrum	龙葵	湖北石首麋鹿
Sorbus pohuashanensis	花楸	吉林长白山
Sorolepidium glaciale	玉龙蕨	四川亚丁、云南白马雪山
Soroseris gillii	金沙绢毛苣	四川贡嘎山
Souliea vaginata	黄三七	四川四姑娘山

Spiraea myrtilloides	细枝绣线菊	四川四姑娘山
Spiranthes sinensis	绶草	陕西红碱淖
Staphylea holocarpa var. *rosea*	玫红省沽油	四川四姑娘山
Stellera chamaejasme	狼毒	河北红松洼
Stemmacantha uniflora	漏芦	河北红松洼
Sterculia pexa	家麻树	云南元江
Streptopus koreanus	丝梗扭柄花	吉林长白山
Streptopus obtusatus	扭柄花	吉林长白山
Streptopus simplex	腋花扭柄花	四川四姑娘山
Suaeda salsa	盐地碱蓬	辽宁辽河口
Swertia elata	高獐牙菜	四川贡嘎山

T

Tamarindus indica	酸角树	云南元江
Tamarix hohenackeri	多花柽柳	青海柴达木梭梭林
Taraxacum mongolicum	蒲公英	河北红松洼、湖北石首麋鹿
Tarenna depauperata	白皮乌口树	云南元江
Taxillus delavayi	柳叶钝果寄生	四川四姑娘山、云南元江
Taxus cuspidata	东北红豆杉	吉林长白山
Taxus wallichiana var. *mairei*	南方红豆杉	湖南桃源洞
Taxus yunnanensis	云南红豆杉	云南白马雪山
Tetracentron sinense	水青树	重庆金佛山
Tetraena mongolica	四合木	内蒙古西鄂尔多斯
Tetrastigma hemsleyanum	三叶崖爬藤	湖南桃源洞
Thalictrum delavayi	偏翅唐松草	四川四姑娘山
Thalictrum fortunei	华东唐松草	江苏宝华山
Thalictrum petaloideum	瓣蕊唐松草	北京百花山
Thermopsis barbata	紫花野决明	四川四姑娘山
Thermopsis lanceolata	披针叶野决明	内蒙古鄂尔多斯遗鸥
Thermopsis smithiana	矮生野决明	四川海子山
Tilia amurensis	紫椴	吉林长白山
Tofieldia divergens	叉柱岩菖蒲	重庆金佛山
Trifolium lupinaster	野火球	河北红松洼
Triglochin palustris	水麦冬	陕西红碱淖
Trigonostemon tuberculatus	瘤果三宝木	云南元江

Trigonotis cavaleriei	西南附地菜	重庆金佛山
Trillium camschatcense	吉林延龄草	吉林长白山
Trollius chinensis	金莲花	河北红松洼
U		
Ulmus pumila	榆树	内蒙古达里诺尔
Urtica cannabina	麻叶荨麻	河北红松洼
V		
Vaccinium conchophyllum	贝叶越橘	重庆金佛山
Vaccinium uliginosum	笃斯越橘	吉林长白山
Vaccinium vitis-idaea	越橘	吉林长白山
Veratrum nigrum	藜芦	北京百花山
Viburnum opulus subsp. *calvescens*	鸡树条荚蒾	北京百花山
Viola acuminata	鸡腿堇菜	江苏宝华山
Vitis vinifera	葡萄	新疆东天山
W		
Whytockia tsiangiana	白花异叶苣苔	四川画稿溪
X		
Xanthium strumarium	苍耳	湖北石首麋鹿
Y		
Yulania zenii	宝华玉兰	江苏宝华山
Z		
Zygophyllum mucronatum	蝎虎霸王	内蒙古西鄂尔多斯

附录 3: 有关动物中文名与拉丁名

拉丁名	中文名	分布的自然保护区
A		
Ailurus fulgens	小熊猫	四川亚丁、云南白马雪山
Anser cygnoides	鸿雁	内蒙古达里诺尔、辽宁辽河口
Anser fabalis	豆雁	湖北石首麋鹿
Anthropoides virgo	蓑羽鹤	内蒙古达里诺尔、 内蒙古鄂尔多斯遗鸥
Apatura ilia	柳紫闪蛱蝶	湖北石首麋鹿
B		
Bubulcus ibis	牛背鹭	湖北石首麋鹿
Bufo gargarizans	中华蟾蜍	湖北石首麋鹿
Bufo raddei	花背蟾蜍	内蒙古鄂尔多斯遗鸥
Buteo japonicus	普通鵟	新疆东天山
C		
Callosciurus erythraeus	赤腹松鼠	四川亚丁
Carassius auratus	鲫鱼	内蒙古达里诺尔
Castor fiber birulai	蒙新河狸	新疆布尔根河狸
Celaenorrhinus maculosus	斑星弄蝶	重庆金佛山
Centropus bengalensis	小鸦鹃	湖北石首麋鹿
Cethosia biblis	红锯蛱蝶	重庆金佛山
Chaimarrornis leucocephalus	白顶溪鸲	四川画稿溪
Ciconia boyciana	东方白鹳	辽宁辽河口
Ciconia nigra	黑鹳	内蒙古达里诺尔、湖北石首麋鹿
Cinclus cinclus	河乌	四川亚丁
Columba rupestris	岩鸽	四川亚丁
Crossoptilon crossoptilon	白马鸡	四川亚丁
Crossoptilon harmani	藏马鸡	云南白马雪山
Crossoptilon mantchuricum	褐马鸡	北京百花山、山西黑茶山
Cygnus columbianus	小天鹅	湖北石首麋鹿
D		
Dicrurus macrocercus	黑卷尾	湖北石首麋鹿

Dremomys rufigenis	红颊长吻松鼠	重庆金佛山
Ducetia japonica	日本条螽	湖北石首麋鹿

E

Elaphodus cephalophus	毛冠鹿	四川亚丁
Elaphodus davidianus	麋鹿	湖北石首麋鹿
Emberiza buchanani	灰颈鹀	新疆东天山
Episyrphus balteatus	黑带食蚜蝇	湖北石首麋鹿
Erinaceus amurensis	普通刺猬	湖北石首麋鹿
Everes argiades	蓝灰蝶	湖北石首麋鹿

F

Falco subbuteo	燕隼	湖北石首麋鹿

G

Garrulax maximus	大噪鹛	四川亚丁
Gazella subgutturosa	鹅喉羚	青海柴达木梭梭林
Gloydius brevicaudus	短尾蝮	湖北石首麋鹿
Grus japonensis	丹顶鹤	辽宁辽河口
Grus leucogeranus	白鹤	辽宁辽河口
Grus vipio	白枕鹤	内蒙古达里诺尔

H

Himantopus mexicanus	黑翅长脚鹬	内蒙古鄂尔多斯遗鸥、陕西红碱淖

L

Larus brunnicephalus	棕头鸥	陕西红碱淖
Larus relictus	遗鸥	内蒙古鄂尔多斯遗鸥、陕西红碱淖
Larus saundersi	黑嘴鸥	辽宁辽河口
Lepus sinensis	华南兔	湖北石首麋鹿
Leuciscus waleckii	瓦氏雅罗鱼	内蒙古达里诺尔
Luehdorfia chinensis	中华虎凤蝶	江苏宝华山

M

Macroglossum corythus	长喙天蛾	湖北石首麋鹿
Marmota himalayana	喜马拉雅旱獭	四川海子山、甘肃黄河首曲
Meles meles	獾	内蒙古鄂尔多斯遗鸥
Milvus lineatus	黑耳鸢	新疆布尔根河狸
Monema rubriceps	褐边绿刺蛾	湖北石首麋鹿
Moschus berezovskii	林麝	四川海子山 / 云南白马雪山

Moschus chrysogaster	马麝	四川海子山
Mustela sibirica	黄鼬	湖北石首麋鹿
Myospalax aspalax	草原鼢鼠	河北红松洼
N		
Nyctereutes procyonoides	貉	湖北石首麋鹿
O		
Ochotona curzoniae	黑唇鼠兔	甘肃黄河首曲
Otus sunia	东方角鸮	湖北石首麋鹿
P		
Pandion haliaetus	鹗	湖北石首麋鹿
Panthera uncia	雪豹	云南白马雪山
Patanga japonica	日本黄脊蝗	湖北石首麋鹿
Pelophylax hubeiensis	湖北侧褶蛙	湖北石首麋鹿
Pelophylax nigromaculatus	黑斑侧褶蛙	湖北石首麋鹿
Phrynocephalus vlangalii	青海沙蜥	青海柴达木梭梭林
Phytomia zonata	羽芒宽盾蚜蝇	湖北石首麋鹿
Pieris rapae	菜粉蝶	湖北石首麋鹿
Platalea leucorodia	白琵鹭	湖北石首麋鹿
Platycnemis foliacea	白扇蟌	湖北石首麋鹿
Polistes olivaceus	亚非马蜂	湖北石首麋鹿
Polygonia caureum	黄钩蛱蝶	湖北石首麋鹿
Pomacea canaliculata	福寿螺	四川画稿溪
Pseudois nayaur	岩羊	四川亚丁
R		
Rana kukunoris	高原林蛙	甘肃黄河首曲
Recurvirostra avosetta	反嘴鹬	陕西红碱淖
Remiz pendulinus	攀雀	新疆布尔根河狸
Rhabdophis tigrinus	虎斑颈槽蛇	湖北石首麋鹿
Rhinopithecus bieti	滇金丝猴	云南白马雪山
Rhyacornis fuliginosa	红尾水鸲	四川画稿溪
Rutilus rutilus subsp. *lacustris*	湖拟鲤	新疆布尔根河狸
S		
Symbrenthia niphanda	云豹盛蛱蝶	重庆金佛山

T

Tadorna ferruginea	赤麻鸭	内蒙古鄂尔多斯遗鸥
Tamias sibiricus	花鼠	吉林长白山
Trachypithecus francoisi	黑叶猴	重庆金佛山
Tragopan caboti	黄腹角雉	湖南桃源洞
Trochalopteron elliotii	橙翅噪鹛	四川亚丁

图书在版编目（CIP）数据

自然生灵的诺亚方舟：中国自然保护区考察笔记 /
秦卫华，李中林著. -- 北京：人民邮电出版社，2021.10
（自然文丛）
ISBN 978-7-115-56190-9

Ⅰ. ①自… Ⅱ. ①秦… ②李… Ⅲ. ①自然保护区－
科学考察－中国 Ⅳ. ①S759.992

中国版本图书馆CIP数据核字(2021)第051451号

内 容 提 要

本书作者采用浅显易懂的语言，以考察笔记兼游记的写作形式图文并茂地介绍了我国 20 多个自然保护区，包括生态系统保护区和野生生物保护区两大类。全书分为 4 章，分别讲述了雪山与峡谷、草原与荒漠、山川与丛林、平原与湿地几大生境中的自然保护区，并对保护区内有代表性的野生动植物进行了详略不等的介绍；同时，将游记、物种识别、科普有机结合在一起，并加入作者对保护区的一些思考，也是本书的一大亮点。

本书适合户外探险爱好者、自然资源研究者、野生动植物保护者、动植物爱好者阅读。

◆ 著　　　　秦卫华　李中林
　　责任编辑　李媛媛
　　责任印制　陈　犇
◆ 人民邮电出版社出版发行　　北京市丰台区成寿寺路 11 号
　　邮编　100164　　电子邮件　315@ptpress.com.cn
　　网址　https://www.ptpress.com.cn
　　临西县阅读时光印刷有限公司印刷
◆ 开本：690×970　1/16
　　印张：17.25　　　　　　　　2021 年 10 月第 1 版
　　字数：300 千字　　　　　　2021 年 10 月河北第 1 次印刷

定价：109.90 元

读者服务热线：(010)81055410　印装质量热线：(010)81055316
反盗版热线：(010)81055315
广告经营许可证：京东市监广登字 20170147 号